中国教育发展战略学会
人工智能与机器人教育专业委员会 规划丛书

人工智能（上）

韩力群　编著

北京邮电大学出版社
www.buptpress.com

图书在版编目（CIP）数据

人工智能 . 上 / 韩力群编著 . -- 北京：北京邮电大学出版社，2019.7

ISBN 978-7-5635-5764-6

Ⅰ . ①人…　Ⅱ . ①韩…　Ⅲ . ①人工智能　Ⅳ . ① TP18

中国版本图书馆 CIP 数据核字 (2019) 第 141371 号

书　　　名：人工智能（上）

编 著 者：韩力群

责任编辑：孙宏颖

出版发行：北京邮电大学出版社

社　　　址：北京市海淀区西土城路 10 号（100876）

发 行 部：电话：010-62282185　传真：010-62283578

E-mail：publish@bupt.edu.cn

经　　　销：各地新华书店

印　　　刷：北京玺诚印务有限公司

开　　　本：787 mm×1 092 mm　1/16

印　　　张：9

字　　　数：146 千字

版　　　次：2019 年 7 月第 1 版　2019 年 7 月第 1 次印刷

ISBN 978-7-5635-5764-6　　　　　　　　　　　　　　　　定价：45.00 元

· 如有印装质量问题，请与北京邮电大学出版社发行部联系 ·

"中学人工智能系列教材" 编委会

主　编：韩力群

编　委：（按拼音字母顺序排列）

毕长剑　陈殿生　崔天时　段星光　侯增广

季林红　李　擎　潘　峰　乔　红　施　彦

宋　锐　苏剑波　孙富春　王滨生　王国胤

于乃功　张　力　张文增　张阳新　赵姝颖

"中学人工智能系列教材"序

　　1956 年的夏天，一群年轻的科学家聚集在美国一个名叫汉诺佛的小镇上，讨论着对于当时的世人而言完全陌生的话题。从此，一个崭新的学科——人工智能，异军突起，开启了她曲折传奇的漫漫征程……

　　2016 年的春天，一个名为 AlphaGo(阿尔法围棋) 的智能软件与世界顶级围棋高手的人机对决，再次将人工智能推到了世界舞台的聚光灯下。六十载沧桑砥砺，一甲子春华秋实。蓦然回首，人工智能学科已经长成一棵枝繁叶茂的参天大树，人工智能技术不断取得令人叹为观止的进步，正在对世界经济、人类生活和社会进步产生极其深刻的影响，人工智能历史性地进入了全球爆发的前夜。人工智能正在进入技术创新和大规模应用的高潮期、智能企业的开创期和智能产业的形成期，人类正在进入智能化时代！

　　2017 年 7 月，国务院颁发了《新一代人工智能发展规划》(以下简称《规划》)。《规划》提出：到 2030 年，我国人工智能理论、技术与应用总体达到世界领先水平，成为世界主要人工智能创新中心。为按期完成这一宏伟目标，人才培养是重中之重。对此《规划》明确指出：应逐步开展全民智能教育项目，在中小学阶段设置人工智能相关课程，逐步推广编程教育。

　　人工智能的算法需要通过编程来实现，而人工智能的优势最适于用智能机器人来展现，三者的关系密不可分。因此，本套"中学人工智能系列教材"由《人工智能》(上下册)、《Python 与 AI 编程》(上下册) 和《智能机器人》(上下册) 三部分组成。

　　学习人工智能需要有一定的高等数学和计算机科学知识，学习机器人技术也同样需要有足够的数学、控制、机电等领域的知识。显然，所有这些知识内容都远远超出中小学生 (即使是高中生) 的认知能力。过早地将多学科、多领域交叉的高层次知识呈现在基础知识远不完备的中学生面前，试图用学生听不懂的术语解释陌生的技术原理，这样的学习是很难取得效果的。因此，如何设计中小学人工智能教材的教学内容？如何定位该课程的教学目标？这是在中小学阶段设置人工智能相关课程必须解决的共性问题，需要从事人工智能教学与科研的相关组织进行深入研究并给出可行的解决方案。

我们认为，相比于向学生传授人工智能知识和技术本身，应该更注重加深学生对人工智能各个方面的了解和体验，让学生学习和理解重要的人工智能基本概念，熟悉人工智能编程语言，了解人工智能的最佳载体——机器人。因此，本套丛书中的《人工智能》（上下册）一书重点阐述 AI 的基本概念、基本知识和应用场景；《Python 与 AI 编程》（上下册）讲解 Python 编程基础和人工智能算法的编程案例；《智能机器人》（上下册）论述智能机器人系统的构成和各构成模块所涉及的知识。这几本书相辅相成，共同构成中学人工智能课程的学习内容。

本系列教材的定位为：以培养学生智能化时代的思维方式、科技视野、创新意识和科技人文素养为宗旨的科技素质教育读本。本系列教材的教学目标与特色如下。

1. 使学生理解人工智能是用人工的方法使人造系统呈现某种智能，从而使人类制造的工具用起来更省力、省时和省心。智能化是信息化发展的必然趋势！

2. 使学生理解人工智能的基本概念和解决问题的基本思路。本系列教材注意用通俗易懂的语言、中学相关课程的知识和日常生活经验来解释人工智能中涉及的相关道理，而不是试图用数学、控制、机电等领域的知识讲解相关算法或技术原理。

3. 培养学生对人工智能的正确认知，帮助学生了解 AI 技术的应用场景，体验 AI 技术给人带来的获得感，使学生消除对 AI 技术的陌生感和畏惧感，做人工智能时代的主人。

韩力群

目　　录

第一章

人工智能概述

20 世纪 40 年代第一台电子计算机问世，这是人类改造大自然进程中的一个重要里程碑。电子计算机作为具有计算和存储能力的"电脑"，物化并延伸了人脑的智力，为探索如何构造具有类脑智能的人工系统提供了强有力的工具。

第一节
Section 1

自然智能与人工智能

▶ 自然智能

人类和动物所具有的智能统称为自然智能。自然智能均以生物脑为载体，是生物经过百万年漫长进化产生的结果。

科学家们通过长期观察和深入研究发现，许多动物的智能远远超过我们的想象。

大猩猩、黑猩猩、猩猩和长臂猿可以迅速地学会手势语言，并和人类进行交流，可以借用树枝等引诱并捕获猎物，可以用石头敲碎坚果，甚至可以用树叶盛水。

据《纽约每日新闻》2011 年 12 月 30 日报道，在美国艾奥瓦州，一只 31 岁的黑猩猩不但懂得使用工具，甚至还会生火做饭，超强的本领让人拍手称奇。

相关研究显示，大象具有惊人的记忆力。即使几年过去了，大象仍然会记得它们喝过水的地方。如果你曾经伤害过一只大象，它一生都会记住你。大象会通过制造不同的声响与同类进行交流，还会使用高级工具。科学家们一直怀疑，大象拥有硕大的大脑、复杂的社会结构，因此应该具备自我意识。2005年，一项大象照镜子的实验证实了上述猜测。美国研究人员在《美国国家科学院学报》网站发表文章指出，大象在镜前的举动表明它们能够认出镜中的自己，具有自我认知能力。

布朗克斯动物园一头名为"快乐"的亚洲象在照镜子

乌鸦是鸟类中最聪明的。剑桥大学的科学家设计了自动售货机来测试乌鸦的智力。研究人员把石头或纸片放在箱子的顶部，只要乌鸦将石头或纸片推入边上的洞里，自动售货机就会放出一个奖励。为了增加测试的复杂程度，研究人员给8只乌鸦中的每一只都提供了一台自动售货机。只有在投入特定尺寸的纸币时机器才会吐出一种食物。结果显示所有乌鸦都能投入正确的纸币。

在地球上已知的生物群体中，"人为万物之灵"，而"灵"的核心就在于人类具有最发达的大脑。大脑是人类思维活动的物质基础，而思维是人类智能的集中体现。

进入20世纪以来，人们逐渐认识到，人脑的结构、机制和功能中凝聚着无限的奥秘和智慧，对人类大脑思维能力的模拟具有巨大的意义，而计算机的发明和广泛应用为这种设想和尝试提供了有利的工具。

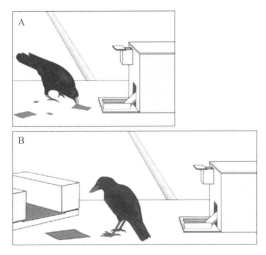

注：来源为《自然·科学报告》

1956 年，坐落于美国新罕布什尔州汉诺佛小镇的达特茅斯 (Dartmouth) 学院迎来了一群不同学科的年轻学者。他们在这里召开了为期两个月的学术研讨会，探讨"机器是否可以有智能"。这是一个对当时的世人来说完全"不食人间烟火"的话题！这次研讨会提出了"人工智能"(Artificial Intelligence，AI) 这一术语，从此，一门称为人工智能的崭新学科异军突起，开启了她几起几落、曲折传奇的漫漫征程。

参加 1956 年达特茅斯研讨会的年轻学者

人工智能：用人工的方法在机器上特别是在计算机上实现的智能，又称机器智能。

智能机器：具有人工智能的机器常呈现出某种类人或类脑的行为特点。例如，像人一样感知（多感知信息融合），像人一样学习，像人一样处理信息（能举一反三，融会贯通），像人一样思考（逻辑思维＋形象思维），像人一样行动（三思而后行），等等。我们将这类机器称为智能机器。

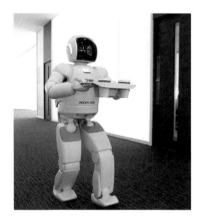
日本智能机器人阿西莫

达芬奇手术机器人

一款无人驾驶汽车

人工智能技术：研究如何用人工的方法在机器上实现类人智能的技术。近年来，各种人工智能技术得到广泛应用，辅助甚至替代了许多过去只能由人来完成的工作。例如，应用计算机视觉技术精准地完成各种自动识别任务；利用机器学习技术从大量数据中自动提炼知识、发现规律；利用自然语言处理技术赋予计算机人类般的文本处理能力；应用语音识别技术自动而准确地将人类的语音转变为文字。人工智能技术在语音书写、声音控制、电话客服、人机交互等领域得到广泛应用。

讨 论 课

❯ 观察家里养的宠物，你认为它的哪些行为表明它也有智能？

❯ 琴棋书画从来都是机器的弱项，但这一观念已经受到严重挑战。2016 年 3 月，著名的人工智能软件"阿尔法围棋"（AlphaGo）以 4 比 1 的总比分战胜了围棋世界冠军李世石；2017 年 5 月其又以 3 比 0 的总比分战胜了世界围棋冠军柯洁。围棋界公认 AlphaGo 的棋力已经超过人类职业围棋顶尖水平。你认为未来人工智能技术在写诗、作画、谱曲和演奏方面的水平会超越人类顶尖水平吗？为什么？

人脑与"电脑"

计算机能够迅速准确地完成各种数值运算和逻辑运算，成为现代社会不可缺少的信息处理工具，被人们誉为"电脑"。

人脑本质上是一种信息加工器官，而"电脑"则是人类为了模拟自己大脑的某些功能而设计出来的一种信息加工机器。通过比较我们发现，人脑与"电脑"的信息处理能力、信息系统结构和信息处理方式都有很大的差别。

记忆与联想能力的差别

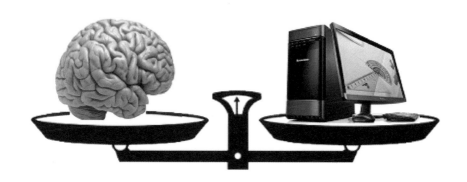

人类的大脑中含有数百亿个神经元细胞，每一个细胞与其他细胞之间都存在一万个左右的突触连接，形成图1-1所示的巨大神经元网络。大脑通过突触的变化形成记忆，因而能够存储大量的信息，并具有对信息进行筛选、回忆和巩固的联想记忆能力。人类大脑不仅能对已学习的知识进行记忆，而且能在外界输入的部分信息刺激下，联想到一系列相关的存储信息，从而实现对不完

整信息的自联想恢复，或关联信息的互联想，而这种互联想能力在人脑的创造性思维中起着非常重要的作用。

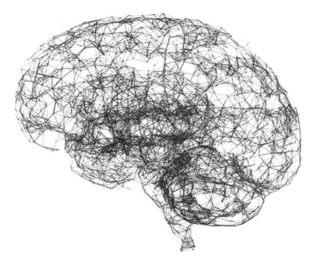

图 1-1 大脑的神经元网络

计算机是一种由各种二值逻辑门电路构成的按串行方式工作的逻辑机器，它由运算器、控制器、存储器和输入 / 输出设备组成。其信息处理是建立在图 1-2 所示的冯·诺依曼 (von Neumann) 体系基础上，基于程序存取进行工作的，其对程序指令和数据等信息的记忆由存储器完成。存储器内信息的存取采用寻址方式。若要从大量存储数据中随机访问某一数据，必须先确定该数据的存储单元地址，再取出相应数据。信息一旦存入便保持不变，因此不存在遗忘问题；在某存储单元地址存入新的信息后会覆盖原有信息，因此不可能对其进行回忆；相邻存储单元之间互不相干，"老死不相往来"，因此没有联想能力。

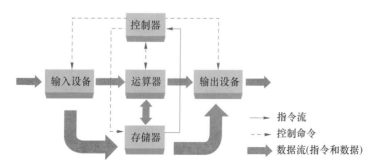

图 1-2 冯·诺依曼计算机体系结构

尽管某些软件系统具有一定的联想功能，但这种联想功能本质上是一种查询功能。其联想能力与联想范围取决于程序的查询能力，因此不可能像人脑的联想功能那样具有个性、不确定性和创造性。

人脑具有从实践中不断抽取知识、总结经验的能力。刚出生的婴儿脑中几乎是一片空白，其在成长过程中通过对外界环境的感知及有意识的训练，知识和经验与日俱增，解决问题的能力越来越强。人脑这种对经验做出反应而改变行为的能力就是学习与认知能力。

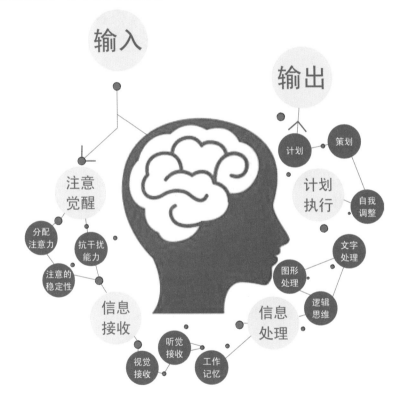

计算机完成的所有工作都是严格按照事先编制的程序进行的，因此它的功能和结果都是确定不变的。作为一种只能被动地执行确定的二值命令的机器，计算机在反复按指令执行同一程序时，得到的永远是同样的结果，它不可能在不断重复的过程中总结或积累任何经验，因此不会主动提高自己解决问题的能力。

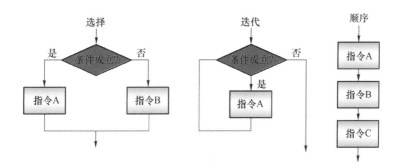

在信息处理方面，人脑具有复杂的回忆、联想和想象等非逻辑加工功能，因而人的认识可以逾越现实条件下逻辑所无法越过的认识屏障，产生诸如直觉判断或灵感顿悟之类的思维活动。在信息的逻辑加工方面，人脑的功能不仅仅局限于计算机所擅长的数值或逻辑运算，而且可以上升到具有语言文字的符号思维和辩证思维。人脑具有的这种高层次的信息加工能力使人能够深入事物内部去认识事物的本质与规律。

世界上第二只伟大的苹果，砸中了牛顿，人们从此用科学的方法解决问题、认识世界。

计算机没有非逻辑加工功能，因而不能逾越有限条件下逻辑的认识屏障。计算机的逻辑加工能力也仅限于二值逻辑，因此只能在二值逻辑所能描述的范围内运用形式逻辑，因而计算机缺乏辩证逻辑能力。

人脑善于对客观世界千变万化的信息和知识进行归纳、类比和概括，综合起来解决问题。人脑的这种综合判断过程往往是一种对信息的逻辑加工和非逻辑加工相结合的过程。它不仅遵循确定性的逻辑思维原则，而且可以经验地、模糊地，甚至是直觉地做出一个判断。大脑所具有的这种综合判断能力是人脑创造能力的基础。

计算机的信息综合能力取决于它所执行的程序。由于不存在能完全描述人的经验和直觉的数学模型，也不存在能完全正确模拟人脑综合判断过程的有效算法，因此计算机难以达到人脑所具有的融会贯通的信息综合能力。

▶ 系统结构的差别

人脑与计算机信息处理能力特别是形象思维能力的差异来源于两者系统结构的不同。人脑在漫长的进化过程中形成了规模宏大、结构精细的群体结构，即神经网络。脑科学研究结果表明，人脑的每个神经元相当于一个超微型信息处理与存储单元，只能完成一种基本功能，如兴奋与抑制。而数以百亿计的海量神经元广泛连接后形成的神经网络可进行各种极其复杂的思维活动。

由特制扫描仪绘制的人类首幅大脑功能连线图（图片来源：http://photo.sina.com.cn/）

计算机的系统结构是建立在上文描述的冯·诺依曼计算机体系结构基础上，基于程序存取进行工作的。

➤ 信息处理机制的

人脑中的神经元网络是一种高度并行的非线性信息处理系统。其并行性不仅体现在结构上和信息存储上，而且体现在信息处理的运行过程中。由于人脑采用了信息存储与信息处理一体化的群体协同并行处理方式，因此信息的处理必然会受原有存储信息的影响，处理后的信息又留存在神经元中成为记忆。这种信息处理与信息存储相互作用的构建模式是广泛分布在大量神经元细胞上同时进行的，因而呈现出来的整体信息处理能力不仅能快速完成各种极复杂的信息处理任务，而且能产生高度复杂而奇妙的效果。

计算机采用的是有限集中的串行信息处理机制，即所有信息处理都集中在一个或若干个 CPU 中进行。CPU 通过总线同内外存储器或 I/O 接口进行顺序的"个别对话"，存取指令或数据。这种串行机制的时间利用率低，在处理大量实时信息时不可避免地会遇到速度"瓶颈"。即使采用多 CPU 并行工作，也只是在一定发展水平上缓解瓶颈矛盾。

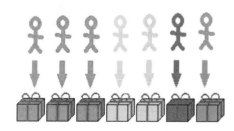

并行处理

串行处理

想 一 想

❯ 根据自己的体会，想一想在记忆、联想、学习、认知、计算、综合判断等方面，人脑与计算机信息的处理能力有哪些不同？

❯ 如果计算机也像人脑那样采取"信息存储与信息处理一体化"的分布式存储结构和并行式处理机制，其信息处理能力将会出现哪些变化？

人工智能的仿智途径

　　长期以来，脑科学家和认知科学家想方设法地探索和揭示人脑智能的本质，人工智能科学家则顽强地探索如何构造出具有类脑智能的人工智能系统，用以模拟、延伸和扩展脑的智能，完成类似于人脑的工作。因此，"揭示大脑智能的奥秘"和"设计类脑智能系统"分别是脑科学与认知科学和人工智能科学追求的基本目标。"揭示大脑智能的奥秘"为"设计类脑智能系统"提供了模仿和借鉴的生物原型。因此，人工智能的理论、方法、技术的突破性进展和脑科学与认知科学研究的进展密切相关。

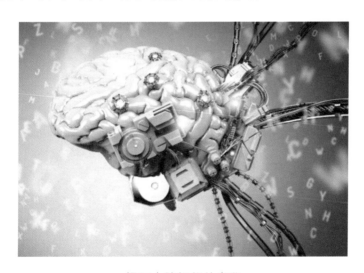

揭示大脑智能的奥秘

　　进入 20 世纪以来，人们已经认识到，对人类大脑思维能力的模拟具有巨大的意义。但是，由于大脑的高度复杂性，科学家们将人脑思维能力分解为若干子系统，以便进行深入的研究。那时人们认识到，人脑思维系统具有"结构-功能-行为"3个维度，于是就先后从这3个维度进行了模拟研究。

模仿大脑的智能

▶▶结构模拟

1943 年起步的"人工神经网络"对人脑结构进行了模拟研究，从而诞生了第一条研究路径。这一研究路径从神经生理学和认知科学的研究成果出发，强调智能活动是由大量简单的单元通过复杂的相互连接后并行运行的结果。第一条研究路径在人工智能发展史上称之为"连接主义"学派，其最精彩的成果是深度神经网络。

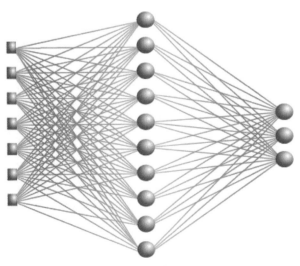

人工神经网络示意图

▶ 功能模拟

由于人脑神经网络异常复杂，第一条研究路径进展比较艰难。于是，人们便转向了对人脑功能进行模拟研究，这就促成了基于逻辑推理的第二条研究路径的问世：1956年兴起的"物理符号系统"。这一研究路径在人工智能发展史上称为"符号主义"学派，其代表性成果是证明了38条数学定理的启发式程序"LT逻辑理论家"，以及各种面向特定专门领域的"专家系统"。

▶ 行为模拟

后来，功能模拟路径遇到了知识界定、知识获取、知识表示、知识演绎等诸方面的困难，这些困难统称为"知识瓶颈"。于是，人们又转向了对智能系统的行为进行模拟研究，这就是1990年问世的"感知-行动系统"的研究。行为模拟研究路径在人工智能发展史上称为"行为主义"学派，其最著名的成果首推布鲁克斯的六足行走机器人。

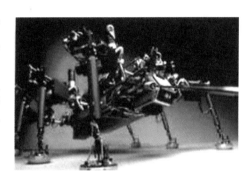

想 一 想

▶ 除了从结构、功能和行为等路径模仿自然智能之外，还可以从哪些路径进行仿制研究？

▶ 仿智与仿生有何异同？

植物仿生

动物仿生

第四节
Section 4

拥抱智能化时代

2016 年春天，一场 AlphaGo 与世界顶级围棋高手的人机对决，将人工智能呈现在世界舞台的聚光灯下。

六十余载沧桑砥砺，一甲子春华秋实。蓦然回首，人们发现：人工智能学科已经长成一棵枝繁叶茂的参天大树，AI 技术不断取得令人叹为观止的进步，正在对世界经济、人类生活和社会进步产生极其深刻的影响，人工智能历史性地进入了全球爆发的前夜，我们正在进入智能化时代！

下面让我们一起来回顾一下，近几年生活中耳濡目染的场景。

在"德国工业 4.0"和"中国智能制造 2025"等发展战略的推动下，智能制造产业的发展如火如荼……

形形色色的智能机器人正在走进各行各业、千家万户……

 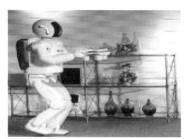 

无人驾驶、智能汽车不断吸引着大众的眼球……

大数据、云计算、物联网加速渗透到国民经济各个角落……

虚拟现实技术的应用正呈现出无孔不入的趋势……

智慧医疗系统的基础已经形成，体系建设已经起步……

随着农业现代化进程步伐的加快，智慧农业初现端倪……

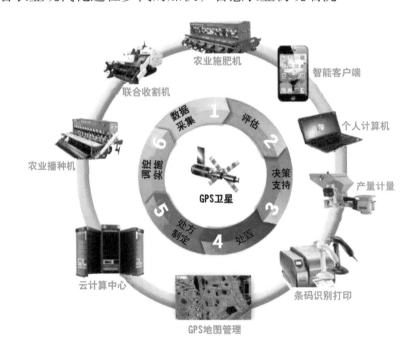

越来越多的信息表明：人工智能正在历史性地进入技术创新和大规模应用的高潮期、智能企业的开创期和智能产业的形成期，人类正在加速进入智能化时代。让我们一起通过本书触摸人工智能，体验人工智能科技给我们带来的种种便利，投入智能化时代！

课外学习

2017 年 7 月 8 日，国务院印发了《新一代人工智能发展规划》(以下简称《规划》)，提出了面向 2030 年我国新一代人工智能发展的指导思想、战略目标、重点任务和保障措施，部署构筑我国人工智能发展的先发优势，加快建设创新型国家和世界科技强国。请大家认真学习该《规划》的内容，并完成以下填空题。

▶《规划》指出，要以加快人工智能与＿＿＿＿、＿＿＿＿、＿＿＿＿深度融合为主线，以提升新一代人工智能＿＿＿＿为主攻方向，构建开放协同的人工智能科技创新体系，把握人工智能＿＿＿＿和＿＿＿＿高度融合的特征，坚持人工智能＿＿＿＿、＿＿＿＿和＿＿＿＿"三位一体"推进，全面支撑科技、经济、社会发展和国家安全。

▶《规划》明确了我国新一代人工智能发展的战略目标：到 2020 年，人工智能＿＿＿＿与世界先进水平同步，人工智能＿＿＿＿成为新的重要经济增长点，人工智能＿＿＿＿成为改善民生的新途径；到 2025 年，人工智能＿＿＿＿实现重大突破，＿＿＿＿达到世界领先水平，人工智能成为我国产业升级和经济转型的主要动力，智能社会建设取得积极进展；到 2030 年，人工智能＿＿＿＿、＿＿＿＿与＿＿＿＿总体达到世界领先水平，成为世界主要人工智能创新中心。

▶《规划》提出 6 个方面的重点任务：

一是构建开放协同的人工智能科技创新体系，从＿＿＿＿、＿＿＿＿、＿＿＿＿、＿＿＿＿等方面强化部署。

二是培育高端高效的智能经济，发展人工智能＿＿＿＿，推进产业智能化升级，打造人工智能＿＿＿＿。

三是建设安全便捷的＿＿＿＿，发展高效＿＿＿＿，提高社会治理智能化水平，利用人工智能提升公共安全保障能力，促进社会交往的共享互信。

四是加强人工智能领域＿＿＿＿，促进人工智能技术军民＿＿＿＿、军民创新资源＿＿＿＿。

五是构建泛在安全高效的智能化＿＿＿＿体系，加强网络、大数据、高效能计算等基础设施的建设升级。

六是前瞻布局＿＿＿＿，针对新一代人工智能特有的重大基础理论和共性关键技术瓶颈，加强整体统筹，形成以新一代人工智能重大科技项目为核心、统筹当前和未来研发任务布局的人工智能项目群。

第二章

人类工具的进化

所谓工具，泛指所有用于人类工作和生活的人造产品，包括器具、机器、软件等。

发明和制造工具是人类社会发展与进步的标志。从农业社会到工业社会，人类创造、发明了许许多多生产、生活所必需的工具，极大地提高了劳动效率和生活质量，同时也推动了社会的不断进步。

第一节
Section 1

与时俱进的工具

▶▶ 农耕时代的工具

从石器时代到农耕时代，人类制造的劳动工具向着越来越省力、耐用和高效的方向发展。

石碾

石磨

纺车

刨子

水车

犁具

>> **工业时代的工具**

18 世纪进入工业社会以来，科技与生产力的发展突飞猛进，从机械化到电气化，从自动化到信息化，目前正在加速踏入智能化进程。

在机械化和电气化时代，人们利用蒸汽机、电动机等驱动机械替代人的体能进行劳作，创造了"力大无穷、永不疲倦"的动力工具。

蒸汽机车

电气机车

在机械化和电气化的基础上，随着传感技术和控制技术的发展，人类进一步实现了自动化，创造了各种既省力又省心的自动化工具。

自动化流水生产线

工业机器人

计算机、通信和网络技术的发展催生了信息化时代的到来。进入信息社会后，人类又不断制造出功能强大的新型信息工具，使我们获取和传输信息的能力变得空前强大。如今，任何人都能通过智能手机、互联网等"眼观六路、耳听八方"的信息工具，随时随地地获取来自全世界的信息。

▶▶ 智能化时代的工具

现代信息技术的高速发展极大地扩展了人类的信息收发能力。然而，在信息的处理和利用方面，现代信息技术还远远达不到人的能力。

互联网能够快速提供大量远程信息，却不能对海量的信息进行去粗取精、去伪存真的有效处理。现代计算机能够高速处理大量数据，却难以对处理结果进行举一反三、融会贯通的综合利用。

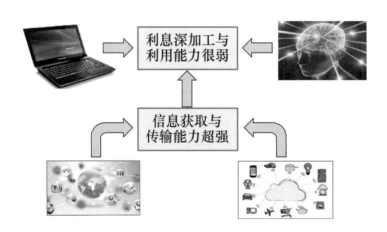

接下来，历史已经按照自己的发展规律来到智能化阶段。智能化阶段所创造的智能工具将具有人类智能的特点：会学习，会思考，会灵活处理信息，会自主正确决策。

讨 论 课

❯ 从农业社会发展到信息社会，人类创造的工具拓展了人的体力，延伸了人的感官，提升了人的信息获取能力，还有必要向智能化方向发展吗？如果人的体力劳动和脑力劳动都被聪明能干的工具取代了，人还需要学习和工作吗？

工具的能力层次

人类在使用机器工具进行劳作时，其能力有不同的层次。

仅能模拟人的动作、扩展人的体能的工具主要是能源驱动的动力机器，如蒸汽机、液压机、电动机。

在动力驱动的基础上，还能根据所采集的信息自动执行事先设计好的程序，完成程序规定的作业任务，这样的机器是自动机器。

动力机器

自动机器

只有能按照给定的知识和规则自主做出决策并执行决策的机器才是智能机器。智能机器不仅因能源驱动而"四肢发达"，因信息灵通而"耳聪目明"，更重要的是可以像人类一样：能够按照给定的知识和规则自主做出决策并自动执行决策。因此，对于人类和社会来说，"聪明能干"的智能机器比"老实听话"的自动机器更加有用。

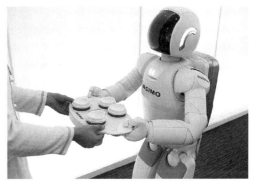

智能机器

　　研究和开发具有人类智能特点的智能机器，使其能够像人一样处理信息、提炼规律和调度知识，是信息社会科技发展的必然趋势。信息化的进一步发展必然是智能化，目前这个趋势已经日益明朗。

想 一 想

　　❯如果将工具分为 4 类：动力工具、自动工具、信息工具、智能工具。以下工具分别属于哪一类？

人工智能时代的智能工具

进入人工智能时代，人工智能技术的不断突破将推动人类工具的智能水平日新月异。智能汽车、智能计算机、智能机器人、智能家居、智能家电等一大批智能化高科技产品将高度智能化。例如：具有感知能力而反应灵敏；具有认知能力而识人辨物；具有自学习能力而熟能生巧；具有自然语言理解能力而善解人意；具有人工情感而人机和谐。

可以预见的趋势是，智能工具的普遍应用将使以人的体力劳动为主的工种、简单重复的工种以及毫无创意的工种逐渐消亡。

人的自然智能与机器的人工智能的有机结合，使得人机协作型、人机融合型工种不断增加。

以翻译工作为例，目前人工翻译人员越来越多地与人工智能翻译软件（机器翻译）协作来完成翻译任务。例如，在机器自动翻译之后，再由人工翻译进行审查和修改，大大地提高了工作效率。在国际会议的同传过程中，可以由机器翻译向同传译员展现机器翻译的结果，供其参考；也可以通过语音识别技术转写同传翻译结果并在屏幕上显示，方便没有耳机设备的嘉宾和观众实时观看字幕。

美国佐治亚理工学院的计算机教授艾休克·戈尔有一门"基于知识的人工智能"课程，他每学期都会收到来自约 300 名学生的上万条提问，答疑工作量非常庞大。他开发了一个名为吉尔·华生的人工智能软件做助教。这位虚拟助教吉尔在 2016 年春季班上岗，答疑准确率达 97%，曾被一位同学提名为优秀助教。但艾休克教授向学生们宣布，吉尔是一个基于 IBM Watson 超级计算机的在线人工智能程序，在这之前，大部分学生都没有意识到和他们聊天的不是真人。

吉尔的回答不是一成不变的，最初的回答基于阿肖克教授和 IBM 制定的一套数据库和回答规则，但吉尔具有自学习能力，通过"机器学习"技术不断学习学生论坛里的帖子，以提高自己回答的水平。吉尔专门负责回答有正确答案的问题，而人类助教们则负责那些更为复杂的问题。面对一个问题，有超过 97% 的把握吉尔就会回答，回答不了就会转给人类助教。

智能机器中的精灵 —— 智能机器人

　　智能机器的典型代表是智能机器人。作为人工智能技术的综合载体，智能机器人有 3 个基本要素：能行动、有感觉、会思考。从技术层面看，机器人的成长每增加一个要素，就完成一次更新换代，目前已经经历了三代。

　　第一代机器人仅仅做到"能行动"，这类机器人需要通过实时在线示教程序教给它们执行特定作业任务所需要的动作顺序和运动轨迹，能不断重复再现这些动作顺序和运动路径。因此又称为"示教再现型"机器人。这类机器人几乎没有感觉，因而无法处理外界信息，只能用在工

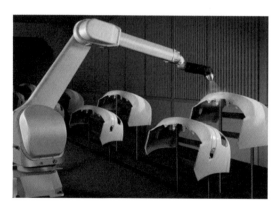

生产线上的喷涂机器人

作环境一成不变的自动化生产线上。

　　第二代机器人称为"感觉型"机器人，具有了触觉、视觉、听觉、力觉等功能，这使得它们可以根据外界的不同信息对环境变化做出判断，并相应地调整自己的行动，以保证工作质量。例如，会避障的清洁机器人就是典型的有感觉的机器人。

会避障的清洁机器人

第三代机器人不仅具有多种技能并能够感知内外部环境，而且还"会思考"，能够识别、推理、规划和学习，自主决策该做什么和怎样去做，这种 3 个要素兼具的机器人就是"智能型"机器人。

"会思考"是智能机器人的核心特征，是非智能机器人向智能机器人进化的关键所在。"会思考"的智能机器人涉及大量人工智能技术，如机器视听觉技术、模式识别技术、自然语言理解技术、机器学习技术、机器认知技术、人机接口技术、人工心理与人工情感技术……

这些智能技术的综合应用，将使机器人的"感觉"能力提升为"感知"能力，机器人的"自动执行"能力提升为"自主决策"能力，机器人的"调度知识"能力提升为通过学习"获取知识"的能力。

由于人工智能技术将在类人智能方面不断取得突破，所以智能机器人将愈来愈像"人"。这样的智能机器人将不再是冷冰冰的机器，它们会具有人类般的思维方式和人类般的心理和情感，善解人意，表情丰富，行为举止愈来愈有人的特点，真正无愧于"机器人"这一头衔！

议 一 议

▶ 有网友说家里的智能扫地机器人有如下"智障表现"：

 红豆▮▮▮▮
8-4 14:50 👍 239 💬

我家的特喜欢怼椅子腿，怼一下，换个角度怼一下，再换个角度怼一下，孜孜不倦，你怎么划拉开它俩都像是王母娘娘生生拆散一对有情人，而且就算我把机器人搬到另一个屋里去人家也能趁我开个门的功夫杀出来继续一往情深地去客厅找它的椅子腿……

 动之▮▮▮
8-4 14:35 👍 298 💬

我家的那个，本来想买来打扫床底的，可是用几次发现它压根不爱往床底下去，只爱绕着饭桌下面转，像条贪吃的狗！有天我妈买了个新画框，靠在房间的墙边等我爸下班回来安上去。没想到它打扫的时候把那个画框给撞倒了，玻璃碎了一地，然后畏罪潜逃进床底。。。我妈找了半天才找着，当时都被气笑了😂

 阿宴▮▮▮
8-4 15:40 👍 214 💬

为什么我家的总想出门。只要门没关，它就可以坐电梯离家出走😶😶😶

超级▮▮▮
8-4 13:26 👍 8014 💬

然后忘了关门它就离家出走，还把楼道扫了

半生▮▮▮▮
8-4 15:02 👍 650 💬

我姐姐家的扫地机器人趁门打开了跑出去坐电梯下楼😶😶😶最后在地下停车场找到它了😶😶

 囧喵▮▮▮
8-4 15:01 👍 150 💬

我家的智障机器人喜欢怼扫帚，每天不去怼一遍扫帚不安心，扫帚放到哪里怼到哪里😶

你认为对于这类"弱智"机器人，应当从哪些途径进行改进？

第五节
Section 5

我们身边的智能工具和应用场景

随着人工智能技术的不断发展，智能工具在制造业、服务业、互联网、大数据、军事、金融、医疗、教育等各国民经济领域、各行业大显身手，在完成很多具体任务时其能力远远超过了人类。下面我们回顾一下在日常学习和生活中常见的智能工具应用场景。

图片来源：http://www.elecfans.com/rengongzhineng/696129.html

▶▶ 图像识别与分类

图像识别与分类在很多领域有广泛应用，如安防领域的人脸识别、互联网领域的图像内容检索、交通领域的路况识别、遥感领域的光学图像识别与分类、医学领域的图像识别与分类等。

过去图像分类主要依靠人工对图像进行特征提取，然后再用分类器对图像类别做出判断，因此如何提取图像的特征至关重要。而基于深度学习技术的图像分类方法可以从图像中自动提取特征，从而大大地提高了图像分类的效率。特别是卷积神经网络 (Convolutional Neural Network，CNN) 近年来在图像领域取得了惊人的成绩。CNN 直接利用图像像素信息作为输入，最大限度上保留了输入图像的所有信息。通俗地说就是，对于每个类别都找一定量的图片输入给 CNN，让它自己去学习和提炼每一类图片的特点，这个过程和同学们学习新鲜事物完全一样。通过卷积操作进行特征的提取和高层抽象，神经网络可以直接输出图像识别的结果。

应用图像识别与分类技术可以开发各种图片搜索引擎。例如，常用智能工具"百度识图"是一款基于内容的图像搜索引擎。常规的图片搜索通过输入关键词的形式搜索到互联网上相关的图片资源，而百度识图则能通过用户上传图片或输入图片的 url 地址，搜索到互联网上与这张图片相同或相似的其他图片资源，同时还能识别这张图片的内容并提供相关信息。

全部　　　相似图片

您上传的图
尺寸: 293 × 220

我猜测这种花是：

彼岸花
99%的可能性

曼珠沙华,"华"在古汉语中都是"花"之意，（英文：Red; Spider; Lily 梵语：Maǹ; jusaka）；又名红花石蒜，是石蒜的一种，为血红色的彼岸花。多年生草本植物；地下有球形鳞茎，外包暗褐色膜质鳞被。叶带状较窄，色深绿，自基部抽生，发于夏末，落于秋初。花期夏末秋初，约从 7 月至 9 月__
形态特征·彼岸花花名起源·种植栽培·生长习性　　　　　　　·来自百度百科

更多

▶▶ 语音识别与声纹识别

人与人之间进行交流的最自然、最常用的方式是语言，而人与机器的人机交互却不得不靠鼠标、键盘和屏幕。近年来，基于人工智能技术的语音识别、语音生成和声纹识别技术取得重大进展。人机交互正由传统的以机器为中心转向以人为中心的自然交互。

利用语音识别技术将人类语音中的词汇内容转换为计算机可读的输入，在很多人机交互场景中得到了广泛应用，如听写数据录入、语音拨号、语音导航、室内的设备语音控制、语音文档检索、不同语种语音到语音的互译等。

近年来，智能语音合成系统几乎与真人声音无法区分。2019 年 3 月 3 日，全球首位 AI 合成女主播正式上岗，引起了全球传媒业和人工智能领域的极大关注。新版的 AI 合成主播可以实现逼真的语音合成效果，让 AI 的声音更具有真实情感和表现力。在图像生成方面，新版的 AI 合成主播实现了更加逼真的表情生成、自然的肢体动作以及嘴唇动作预测等能力，完成了站立并可以做出肢体动作的主播形象，进一步提升了合成主播的表现力，保持了我国在这一领域的全球领先。

声纹识别技术能够提取每个人独一无二的语音特征，实现"听音辨人"，在涉及说话人身份识别的场景中具有重要应用价值。例如，在公安司法领域，

可以用声纹识别技术处理电话骚扰、绑架、诈骗、勒索等声音信息；在门禁和考勤系统中，可以通过提取语音中的声纹特征进行登记和签到；在金融行业，可以采用声纹识别技术对电话银行或远程证券交易中的客户进行身份确认；在刑侦领域，可以通过声纹识别技术判断监听电话中是否有嫌疑人出现。

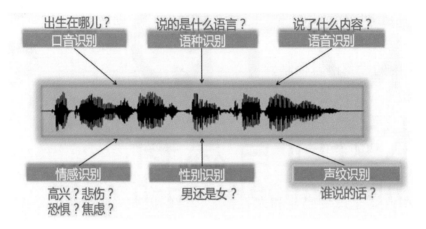

图片来源：http://www.sohu.com/a/193481752_633698

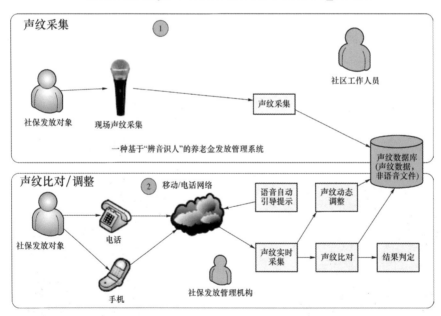

图片来源：http://www.soft78.com/article/2012-06/13-ff80808137a30f2e0137a5ef6b2c032c.html

▶▶ 服务机器人

近年来，伴随着人工智能的发展，服务机器人已经逐渐走进人们的生活，在家务劳动、家居管理、家庭安防、幼儿教育和老人陪护等各个方面大显身手。

例如，用户可以通过语音对服务机器人下达命令，从而控制家中各种设备。以服务机器人为平台，可以将家居设备互联，建立安防、空调、影音、灯光、窗帘等智能家居产品综合控制的管理系统，实现家庭设备控制智能化。

服务机器人系统还可以兼有安全、防盗功能。气体、烟雾监测系统发现相关数值超标将自动发出警报，如有非法开门进入，系统将自动锁死并报警。

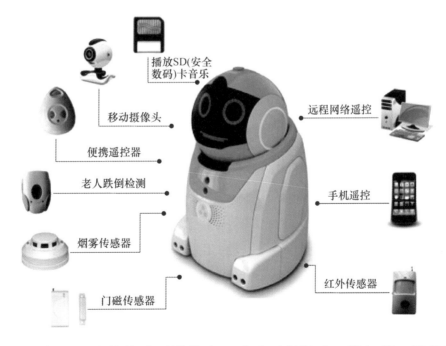

幼教服务机器人能给孩子讲故事，陪孩子做游戏、学知识、练英语，还能随时解答孩子的各种"为什么"。

智能轮椅具有口令识别与语音合成、机器人自定位、动态避障、多传感器信息融合、实时自适应导航控制等功能，能够帮助老年人和残障人士独立生活。

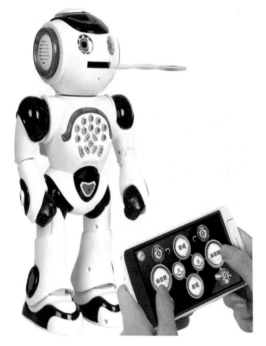

图片来源：http://www.cxzg.com/sell/bencandy-htm-fid-4940-id-91365.html

图片来源：https://news.fh21.com.cn/yyqy/gw/336083_2.html

▶▶ 会写稿的 AI 程序

　　智能化时代，人工智能技术正应用在越来越多的领域，甚至替代了人的脑力劳动。早在 2009 年的美国职业棒球赛上，一款名为"StatsMonkey"的 AI 软件完成了世界上第一篇机器稿件。由于机器人有极强的信息抓取和数据处理能力，目前国外已有多家媒体雇用了"机器人员工"，让其着手体育赛事、突发事件、财经、数据分析等报道工作。我国最早出现的写稿 AI 程序是腾讯推出的"梦幻写手"(Dreamwriter)；之后新华社推出的"快笔小新"开启了央媒 AI 机器人写稿的先河；由今日头条媒体实验室同北京大学计算机科学技术研究所共同研制的新闻写作机器人"张小明"（xiaomingbot）让写稿机器人的技术水平大幅度提升，这位"张小明"在里约奥运会上，共撰写了 457 篇关于羽毛球、乒乓球、网球的消息简讯和赛事报道，每天 30 篇以上，囊括了从小组赛到决赛的所有赛事。

图片来源：红动中国(www.redocn.com)街头坏坏（编号：1747389）

▶▶ 机器翻译工具

我们这个地球上至今仍在使用的语言大约有 6 900 种，给世界各地人民的自由沟通带来不便。机器翻译技术和越来越成熟的在线翻译工具将有望改变这一局面。随着计算机计算能力的提升和自然语言智能处理技术的不断突破，机器翻译技术已经逐渐走出"象牙塔"，开始为普通用户提供实时便捷的翻译服务。机器翻译依赖于大量标注好的数据集，这些数据集涵盖各种各样经人工翻译成其他语言的书籍、文章以及网站。

课外活动

❖ 参观人工智能博览会，见识各种智能工具。

第三章

机器感知

所谓感知，包括感觉和知觉两层含义。感觉是人脑对作用于人体感官的客观事物的个别属性的直接反应；知觉是人脑对作用于感觉器官的客观事物的整体属性的认识或解释。知觉是在感觉的基础上产生的，是在人的实践活动中逐渐发展起来的对直接作用于感官的刺激的认识，两者密不可分，合称为感知。

人体通过各种感觉器官和感觉中枢感知自身信息和环境信息，机器则通过由各种传感器和信息处理装置组成的感知系统来感知世界。机器的感知系统既有与人类似的感知能力，如视觉、听觉、触觉、嗅觉、味觉；又有人所不具备的感知能力，如电磁波、GPS 信号、红外线；还有人的感官无法达到的感知范围，如肉眼看不到几千米外的场景，耳朵听不到超声波，手指不能触摸上千度的高温，等等，但机器感知系统却能借助各种传感器轻而易举地做到。传感器的应用大大地拓展了人类的感知能力和感知范围。

第一节

Section 1

机器的感知系统

机器的感知系统在结构上与人体的感觉系统有异曲同工之处。下面我们就来了解一下人体感觉系统模型和机器感知系统模型，体会一下生物系统与人造系统的异同。

▶▶ 人体感觉系统模型

人体的感觉包括视觉、听觉、味觉、嗅觉、痛觉、触觉、平衡觉等。不同类型的刺激会激发人体不同的感受器兴奋，这些感受器将外界刺激转化为一定频率的神经电脉冲，通过各自独立的神经传导通路在相应的大脑皮层感觉区产生感觉信号。根据上述感觉机制，可建立图 3-1 所示的感觉系统模型。

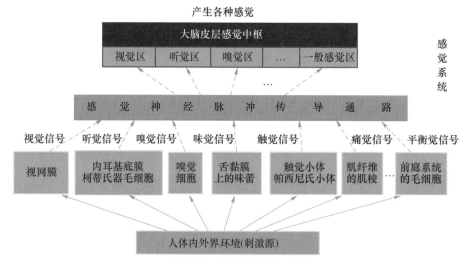

图 3-1　感觉系统模型

图3-1中，自下至上，第一层为人体的各种感受器；第二层为信息中继处理环节，由虚线表示各种感觉神经脉冲的传导通路，每种通路都是特定的、独立的，各个通路是并行的；第三层为大脑皮层的感觉中枢，负责对各种感觉信息进行复杂处理，从而产生感知。

▶▶机器感知系统模型

图 3-2 给出一种典型的机器感知系统结构，可以看出其结构与人体的感觉系统模型非常相像。机器的传感器相当于人体的感受器，信号调理电路相当于信息中继处理环节，而数据处理装置相当于大脑皮层的感觉中枢。

图3-2 机器感知系统

传感器是能感受到被测物体的信息并按一定规律将其变换为可用信号的敏感器件或装置。如教学楼里的红外线感应灯、教室里的烟雾报警器、家里的温度计和湿度计、手机上的指纹识别，以及可以测量步数、心律、脉搏和体温的智能手环等，这些智能产品都采用了某种传感器。以家庭常用的传感器体温表和湿度计为例，体温表能感受我们的体温信息并将其转换为水银柱的高度信号，湿度计能感受室内空气的湿度信息并将其转换为表盘刻度。一般来说，工业上用的传感器输出的信号需满足信息传输、处理、控制、存储、显示、记录等要求，而电信号是最便于传输和处理的，因此多数传感器的输出信号都是电信号。

信号调理电路是传感器和数据处理装置之间的接口，负责对传感器的输出信号进行放大、滤波、模/数转换或信息压缩等处理，将其调理成数据处理装置可以接收的形式。

数据处理装置负责对数据进行处理、运算、变换、分析和判断，在人工智能系统中，这些复杂的数据处理任务常由计算机来完成。

知识园地

滤波和滤波器

只允许一定频率范围内的信号成分正常通过，而阻止另一部分频率成分通过称为滤波。

实现滤波功能的电路称为滤波器。任何电子系统都具有自己的频带宽度（对信号最高频率的限制），而滤波器是根据电路参数对电路频带宽度的影响而设计出来的工程应用电路。

知识园地

模/数转换

模拟信号：在时间和幅度上都连续的信号称为模拟信号。
数字信号：在时间和幅度上都离散的信号称为数字信号。

模拟信号   数字信号

将模拟信号转换为数字信号称为模/数转换或 A/D 转换，反之称为数/模转换或 D/A 转换。

讨 论 课

❖ 人体感觉系统模型与机器感知系统模型有何相似之处？有何不同之处？

机器如何看世界

机器视觉即用计算机模拟人眼的视觉信息处理功能，从图像或视频中提取信息，对客观世界的三维景物和物体进行形态识别和运动识别。在人类获取的外部世界信息中，75%以上是视觉信息，因而机器视觉技术在人工智能领域具有极为重要的地位。

图像传感器被喻为机器视觉系统的"眼睛"，负责获取机器视觉系统要处理的原始图像，直接为机器视觉系统提供信息的来源，使机器可以像人类的眼睛一样观察外部世界，测量物体的距离和位置，识别物体的大小、形状和颜色等特性。

▶▶ 机器视觉系统

机器的感知系统在结构上与人体的感觉系统有异曲同工之处。下面我们就来了解一下人体感觉系统模型和机器感觉系统模型，体会一下生物系统与人造系统的异同。

一个典型的机器视觉系统如图3-3所示，其由摄像机、图像采集卡、计算机等组成。

其中，图像传感器嵌在摄像机中，负责图像采集；图像采集卡相当于信号调理电路，负责将采集到的图像转换为数字图像并保存；计算机是数据处理装置，负责对数字图像进行各种智能处理。一个机器视觉系统能不能将待处理的物体看得"清清楚楚"，取决于图像传感器的质量，即图像传感器负责解决是否"看得清"；而能不能将待处理的物体看得"明明白白"，则取决于智能处理的水平，即计算机负责解决是否"看得懂"。

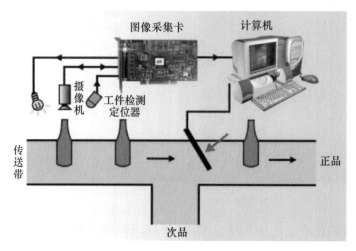

图 3-3　用于食品自动检测中的机器视觉系统

> **图像传感器**

　　首先来了解一下人眼的基本结构（如图 3-4 所示）。我们从生物课中得知，人的眼睛犹如一个照相机，眼睛的瞳孔相当于调节光通量的光圈，晶状体相当于可变焦距的镜头，视网膜相当于成像的光屏。物体的反射光通过晶状体折射，成像于视网膜上，视网膜上的感光细胞将图像的光信号转换为神经电冲动，通过视神经传至大脑视觉中枢并形成视觉，这样人就能看到物体了。

　　由于人眼的视网膜能将光信号转换为电信号，因此可将其看作一种精密的生物光电转换器件。

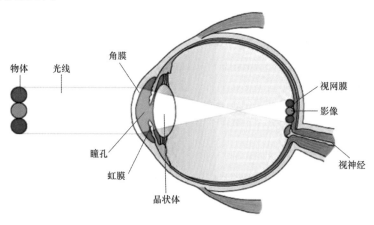

图 3-4　眼睛的结构

图像传感器是扫描仪、数码相机和摄像机等图像采集设备的重要组成部分，是机器设备的"眼睛"，其基本结构如图3-5所示。对比人眼的结构可以看出，两者的信息传递过程十分相似：物体的反射光通过镜头(相当于晶状体)折射，成像于光电转换器件(相当于视网膜)上，光电转换器件将物体的光信号(光学图像)转换为电信号(电子图像)，再将电信号经图像采集卡传至计算机。

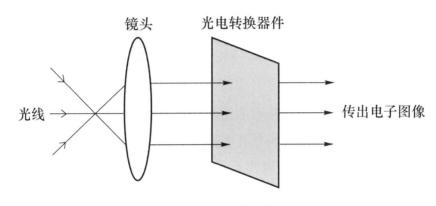

图 3-5　图像传感器

在图像传感器中，最常用的光电转换器件是CCD（Charge Coupled Device，电荷耦合器件）芯片，其作用相当于人眼结构中的视网膜。

CCD是用高感光度的半导体材料制成的感光系统。照相机和摄像机中的CCD由许多感光单元组成面阵，通常以百万像素为单位。我们可以把它想象成一个个微小的感光粒子，铺满在光学镜头后方形成一个人造的"视网膜"。当CCD表面受到光线照射时，每个感光单元可以独立感受照射在该点上的光强，并按照光的强弱将其成比例地转为电荷，存储在感光单元中。所有感光单元产生的信号共同构成一幅完整的电子图像。

CCD输出的电子图像是模拟信号，需要通过模/数转换器芯片转换成数字信号，数字信号经过压缩保存后，可以轻而易举地把数据传输给计算机。

查 一 查

❯ 上网查一查相关资料，看看除了照相机和摄像机外，还有哪些设备中装了CCD。

第三节
Section 3

机器如何听声音

语音识别技术是人工智能技术的重要分支，在语音输入、智能客服、机器翻译、军事监听、人机交互等场景有着广泛的应用。

语音识别的前提是自动获取声音信息。我们从物理课中知道，人在说话时声带产生振动，拉小提琴时琴弦产生振动，击鼓时鼓面产生振动，我们将声带、琴弦和鼓面这些发出声音的物体称为声源。声源产生的振动推动邻近的空气分子，并轻微增加空气压力。空气分子在压力的作用下又推动周围的分子，以此类推。高压区域穿过空气时，在后面留下低压区域，形成压力波，该压力波称为声波。

▶ 声波的分类

图 3-6 给出人类和几种动物的发声频率和听觉频率，可以看出，人类的听觉频率范围十分有限，人耳能听到的声音的频率范围局限在 20~20 000 Hz，但一些动物却能听到低于 20 Hz 的次声波和高于 20 000 Hz 的超声波。例如，蝙蝠能利用超声波定位昆虫，大象能利用次声波进行交流。

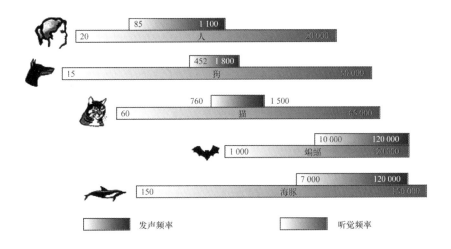

图 3-6　人类和一些动物的发声频率和听觉频率范围 (单位为 Hz)

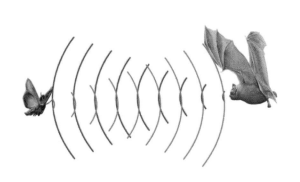

那么，机器是否也能有"听觉"呢？机器是如何将声波转变成语音识别技术所能处理的原始声音信息的呢？下面我们就一起来探究这些问题。

▶ 声音传感器

我们先来了解一下人耳是如何听到声音的。图 3-7 给出人耳的鼓膜和耳蜗位置示意图。当声波到达人耳时，由耳郭收集后经外耳道抵达鼓膜，使鼓膜振动；鼓膜带动由三块听小骨构成的听骨链和鼓室内的空气一起振动，并将振动传递给耳蜗；耳蜗内充满淋巴液，听骨链传来的振动使淋巴形成液波；液波冲击膜蜗管的基底膜并使其发生振动，位于基底膜上的柯蒂氏器及其毛细胞感受到这个振动后，由毛细胞将其转换成神经冲动并传导到大脑皮层的听觉中枢，这样我们就听到了声音。

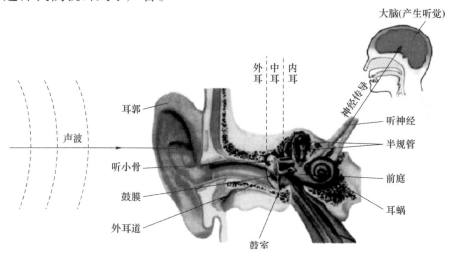

图 3-7　人耳的鼓膜和耳蜗

由于人耳中的柯蒂氏器能将声波信号转换为电信号，因此可将其看作一种精密的声电转换器件。

接收声波信号并将其转换为电信号的声电转换器件称为传声器，又称话筒、麦克风或拾音器。目前传声器的种类很多，其中最通用的传声器是动圈式传声器，其原理如图 3-8 所示。

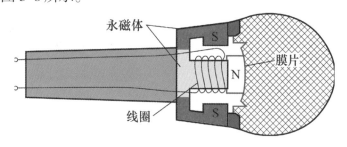

图 3-8　动圈式传声器原理

当我们对着话筒说话或唱歌时，声波使话筒的膜片振动，将声能转换为机械能；膜片带动线圈在磁场中做切割磁感线运动，产生幅度随声波强弱连续变化的感应电流，从而将机械能转换为电能。

声波是强弱随时间连接变化的物理量，通过传声器转换为电流或电压信号后，成为模拟信号。为了使计算机能够进行处理，必须进行模/数转换以获得数字音频信号。

模/数转换需要 3 个步骤：采样、量化和编码。

采样即以一定的时间间隔对模拟信号进行抽样，采集其瞬时值，从而将随时间连续变化的信号在时间轴上离散化，采样前后的信号如图 3-9 所示。采样所使用的时间间隔称为采样周期，单位时间的采样次数称为采样频率。可以看出，采样后信号的变化不再随时间连续，只在每个采样周期有信号值〔图 3-9(b) 中用红点标出〕。采样就如同用相机的连拍功能对动态场景进行拍照，拍到的是一系列有时间间隔的静态图片。

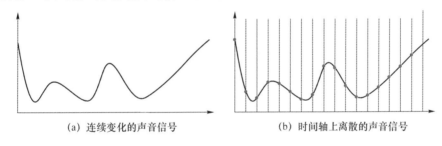

(a) 连续变化的声音信号　　　　(b) 时间轴上离散的声音信号

图 3-9　对声音信号采样

经过采样的信号，只是在时间上被离散成信号序列，而序列中每个信号的幅值仍然是连续的。量化即把信号变化的最大幅度分割成若干区段，称为量化级，一般为 2 的整数次幂，然后用有限个区段近似信号的采样值，这样就将信号的连续幅度值转变为有一定间隔的离散值，如图 3-10 所示。

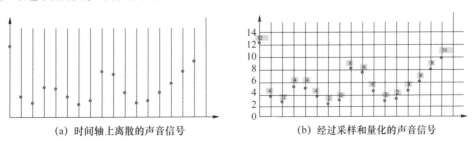

(a) 时间轴上离散的声音信号　　　　(b) 经过采样和量化的声音信号

图 3-10　对采样信号量化

按一定格式将量化后的值用二进制数字表示，称为编码。

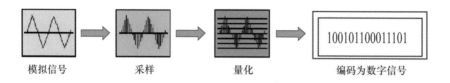

| 模拟信号 | 采样 | 量化 | 编码为数字信号 |

想 一 想

▶ 声音传感器（话筒）是一种声电转换器件。话筒的膜片将声能转换为可动线圈的机械能；可动线圈通过磁场将机械能转换为电能。

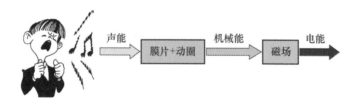

扬声器则是一种电声转换器件，其能量转换过程与话筒的能量转换过程正好相反。

想一想，聋哑人能否利用话筒和扬声器，通过语音识别和语音生成技术，与人进行"听"和"说"的交流？请给出你的方案。

提示：
语音识别技术将数字化的声音信号转换为文字，用"看"代替"听"；
语音生成技术将写好的文字转换为声音，用"写"代替"说"。

机器如何觉冷暖

　　人体有一类重要的感觉称为"温觉"和"冷觉"，由分布在人体皮肤、黏膜和内脏器官的温度感受器来感受周围环境温度的冷暖变化。

　　温度传感器与人体的温度感受器功能类似，它可以像我们人类的皮肤一样感知外部环境中温度的变化，"知冷"又"知热"。机器感知系统中的温度传感器能将待测物体温度或环境温度的变化转换成电信号的变化。常用的温度传感器有热电阻、热电偶两大类。

▶▶ 人体的温度感受器

　　人体皮肤和某些黏膜上的温度感受器分为冷觉感受器和温觉感受器两种。它们将皮肤及外界环境的温度变化传递给体温调节中枢。当皮肤温度为

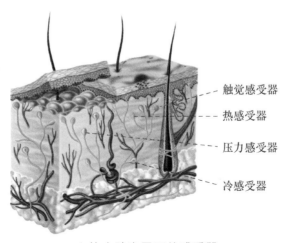

触觉感受器

热感受器

压力感受器

冷感受器

人体皮肤表层下的感受器

30 ℃时人体产生冷觉，而当皮肤温度为 35 ℃左右时则产生温觉。腹腔内脏的温度感受器称为深部温度感受器，它能感受内脏温度的变化，然后将其传到体温调节中枢。

▶▶热电阻温度传感器

人们在实践中发现，几乎所有导体和半导体的电阻值都会随着其自身"体温"的变化而呈现出有规律的变化，而且这种变化规律是确定的，这种物理特性称为"热阻效应"。人们利用这种热阻效应筛选出最合适的材料，制作各种热电阻温度传感器，通过测量感温电阻体的电阻值来检测温度的变化。

最常用的热电阻温度传感器有两大类：一类是具有正温度系数的金属热电阻，另一类是具有负温度系数的半导体热敏电阻。

金属的电阻值随着温度的上升而增大，我们称这种电阻值与自身温度变化趋势一致的感温元件具有正的温度系数。金属内部原子晶格的振动会随着温度的上升而加剧，从而使做定向运动的自由电子在通过金属导体时遇到的阻碍增加（见图 3-11），宏观上表现为金属的电阻值随温度的增加而增加。

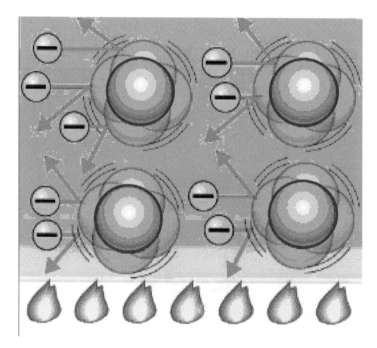

图 3-11　金属原子晶格的振动随温度的上升而加剧

多数半导体的电阻值与自身温度变化趋势相反，即随着温度的上升而减小，我们称这种感温元件具有负的温度系数。当温度升高时，半导体中称为载流子的运载电荷的粒子浓度增加，宏观上表现为电阻值随温度的升高而减小。

工业上常用的金属热电阻是铜热电阻和铂热电阻。铜热电阻与温度呈线性关系，广泛用来测量 –50~150 ℃范围内的温度，其优点是高纯铜丝容易获得，价格便宜，互换性好，但易于氧化。铂热电阻与温度是近似线性关系，广泛用来测量 –200~850 ℃范围内的温度，其优点是物理、化学性能稳定，复现性好，但价格昂贵。典型的金属热电阻传感器如图 3–12 所示。

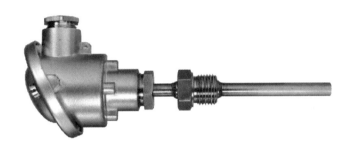

图 3–12　一种金属热电阻传感器

热敏电阻具有体积小、灵敏度高、价格便宜等优点，广泛用于测温、控温、温度补偿等方面。典型的热敏电阻如图 3–13 所示。

图 3–13　一种热敏电阻

▶ 热电偶温度传感器

1821 年德国物理学家塞贝克发现,将两种不同的金属 A 和 B 连接成回路，当两个接点分别置于不同的温度环境中时，回路中便出现电流。这种物理现象称为热电效应或塞贝克效应，这种装置称为热电偶。热电偶两个接点的温差在回路中产生电流，称为热电流，相应的电势称为热电势。两个接点的温差越大，产生的热电势就越大。热电偶温度高的接点称为热端或测量端，温度低的接点称为冷端。如果能保持冷端温度不变，回路中产生的热电势就随测量端温度的升高而增大（见图 3–14）。

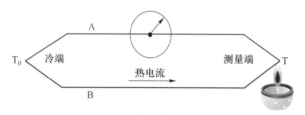

图 3-14　热电偶原理示意

人们利用热电效应制成了热电偶温度传感器，其结构如图 3-15 所示。热电偶温度传感器具有使用方便、测温范围宽且精度高等优点，在各个领域得到广泛应用。常用热电偶的测温范围为 -50~1 600 ℃，特殊材料制成的热电偶的测温范围可以达到 -180~2 800 ℃。

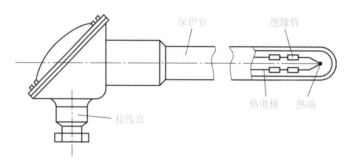

图 3-15　热电偶温度传感器的结构

议 一 议

❖温度传感器有何用途？哪些家用电器中用到了温度传感器？

❖热电阻和热电偶各自的优缺点是什么？各自适合哪些用途？请举例说明。

第
五
节

机器如何知轻重

人体具有压觉，人体皮肤深层结构内存在大量压力感受器。当机械刺激导致皮肤变形时，会引起感受器及神经末梢变形，压力感受器进入兴奋状态，引起神经末梢发出神经冲动，传入大脑皮层感觉区，产生压觉。

机器的压觉来自各种压力传感器 (pressure transducer)。压力传感器是能感受压力信号，并能按照一定的规律将压力信号转换成可用的电信号的器件或装置，通常由基于不同物理效应的压力敏感元件和信号处理单元组成。下面介绍几种常见的压力传感器。

▶ 基于应变效应的压力传感器

我们知道，金属导体的电阻值 R 与电阻率 ρ 和导体长度 L 成正比，与截面积 S 成反比，可表达为

$$R = \frac{\rho L}{S}$$

当金属导体受力而产生拉伸或压缩等机械变形时，L 和 S 都会发生改变，从而引起电阻值发生变化，这种现象称为金属的电阻应变效应。从图 3-16 可以看出，当金属导体受到拉力 F 作用时产生了拉伸变形，长度由 L 变为 $L+\Delta L$，截面积由 S 缩小到 S'，从而导致该导体的电阻值增大。

图 3-16   金属导体的电阻应变效应

利用金属的电阻应变效应可以制作压力传感器的感压元件——金属电阻应变片，常用的有金属丝式和金属箔式两种类型。图 3-17 给出一种金属丝电阻应变片的基本结构，其由电阻丝敏感栅、基底、覆盖层和引线四部分构成。

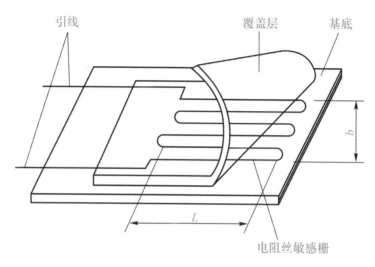

图 3-17　金属丝电阻应变片的基本结构

金属箔电阻应变片的基本结构如图 3-18 所示，其敏感栅是利用光刻腐蚀技术制成的厚度只有 0.003~0.10 mm 的金属箔片。

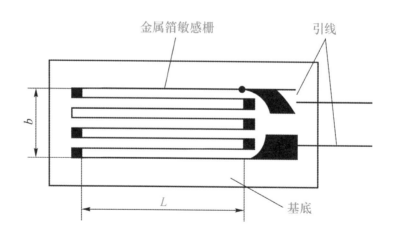

图 3-18　金属箔电阻应变片的基本结构

电阻应变式压力传感器的工作电流大，输出信号也大，灵敏度高。但工作电流过大会使应变片过热，甚至烧毁应变片。金属箔敏感栅与基底的接触面积比金属丝大，因此散热条件好，工作电流可取大一些。

>> 基于压阻效应的压力传感器

1954 年美国材料学家 C.S. 史密斯在对硅和锗的电阻率与应力变化特性进行测试时发现，当受到外力作用时电阻率会发生变化，这种现象称为压阻效应。

利用半导体的压阻效应制作的压力传感器的感压元件称为半导体电阻应变片，其灵敏系数比金属电阻应变片大几十倍，且机械滞后小，但温度稳定性和线性度比金属电阻应变片差得多。

在我们的日常生活中，随处可以发现压阻材料的应用。例如，一种称为压敏导电橡胶的压阻材料，在不受力时如同绝缘体，但在施压时其电阻随着压力的增加而变小。利用这个特点，可以制作各种压控开关。无压力时压敏导电橡胶是绝缘体，如同开关断开；当压力达到某阈值时，其电阻大大降低，压敏导电橡胶转变为导体，如同开关接通。

图 3-19 是一个移去键帽的导电橡胶式键盘。这种键盘的触点是一层带有凸起的导电橡胶，当键帽按下去时，凸起部分受压导电，把下面的触点接通；不按时凸起部分弹起复位。

图 3-19　导电橡胶式键盘的内部结构

金属的电阻应变效应与半导体的压阻效应都表现为感压元件的电阻随外力的变化而改变，两者的区别是：前者的电阻变化是截面和长度等结构尺寸变化所致，而后者的电阻变化是电阻率变化所致。

▶ 基于压电效应的压力传感器

1880 年，两位年轻的法国科学家兄弟皮埃尔·居里（Pierre Curie）和雅克·居里（Jacques Curie）发现晶体具有一个特殊性质：当沿一定方向对满足一定对称性的晶体材料施加外力时，晶体材料会发生形状改变，同时其两个相对的表面上会出现正负相反的电荷（见图 3-20），电荷量与受力大小成正比；当作用力的方向改变时，电荷的极性也随着改变；当外力撤掉后，它又会恢复到不带电状态。这个性质称为晶体的压电效应。

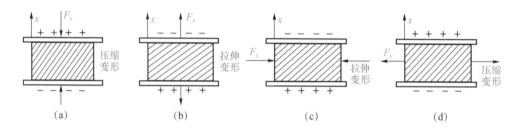

图 3-20　压电效应示意图

晶体是否具有压电效应，是由晶体结构的对称性所决定的。以石英晶体为例，从图 3-21 可以看出，当没有外力作用时，石英晶体的结构对称性使其内部正负电荷的作用相互抵消，对外呈不带电状态。当在外力的作用下发生形状改变时，其结构对称性发生改变，内部正负电荷的作用不再相互抵消，出现了电极化，对外呈现带电状态。

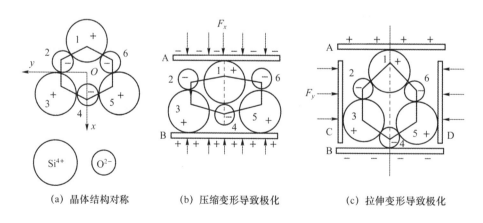

图 3-21　压电晶体结构变化示意图

利用压电效应可以制作压电传感器。常用的压电材料有压电陶瓷材料、压电晶体材料、压电复合材料等，其应用遍及我们日常生活和高新技术领域的方方面面。例如，打火机、煤气灶、热水器、汽车等的点火要用到压电点火器，雷达、通信和导航设备中需要大量压电陶瓷滤波器，医学领域利用压电材料进行免疫检测、制作人工耳蜗等。

议 一 议

❯ 压力传感器有何用途？哪些设备中用到了压力传感器？

❯ 基于 3 种物理效应的压力传感器分别适合哪些用途？请举例说明。

❯ 温度变化是否对金属电阻应变片的电阻值有影响？这种影响会对压力测量带来哪些影响？

多传感信息融合

从前有 4 个盲人，他们从来没有见过大象，就决定去摸摸大象。第一个人摸到了鼻子，他说："大象像一条弯弯的管子。"第二个人摸到了尾巴，他说："大象像条细细的绳子。"第三个人摸到了身体，他说："大象像一堵墙。"第四个人摸到了腿，他说："大象像一根粗粗的柱子。"

盲人摸象的故事告诉我们，如果只根据片面信息对事物进行判断，结论往往是错误的。因此，看任何事情都应该全面准确地了解，整体综合地分析，才能进行正确的判断与决策。用技术语言表达就是多传感信息融合。

▶▶ 大脑的多传感信息融合

人脑天然地具有多传感信息融合的能力。我们自然而然地运用这种能力将多种人体感受器传入的不同类型信息融合起来，根据经验和知识进行信息处理，给出综合性的认知和决策。

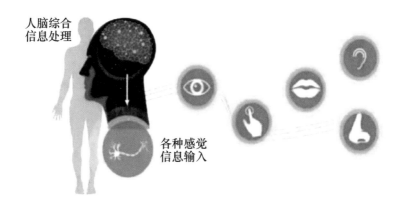

人脑综合
信息处理

各种感觉
信息输入

假设你正在水果店挑选桃子。在你挑来选去拿不定主意时，店员拿出一盘切好的桃子请你先尝一尝，品尝桃子时你的眼、耳、鼻、舌、手会同时向大脑传达桃子的色、声、香、味、触等信息。大脑会根据哪种信息做出决定呢？生活经验告诉我们，大脑是对各感受器的传入信息进行融会贯通的综合处理后做出决定的。

假设你此时正驰骋在学校的篮球场上，一个队友正在向你传球，你必须迅速估测篮球的距离、飞来的速度和角度，同时还要"眼观六路、耳听八方"，观察周围对方球员的举动，提防有人半路截球。你的大脑刹那间将所有这些信息融合起来，做出判断并发出行动指令。

▶▶ 机器的多传感器信息融合

机器系统的多传感器信息融合 (Multi-Sensor Information Fusion，MSIF) 过程是利用计算机等数据处理装置将来自多种传感器的信息在一定的准则下加以自动分析和综合，产生对观测事物的一致性认知和决策的信息处理过程。

在采用了多传感器信息融合技术的机器感知系统中，多传感器信息如同人体的多感受器信息，计算机等数据处理装置相当于人类大脑，科技人员开发的各种信息融合模型和算法则可以类比为人脑进行信息融合时所依据的经验、知识和思路。可以看出，机器系统的多传感器信息融合与人脑对多感受器信息的综合处理十分相似，实际上是对人脑综合处理复杂问题的一种功能模拟。

与单传感器相比，多传感器信息融合的优势在于，能够综合利用多种信息源的不同特点，多方位地获得相关事物的信息，增强数据的可信度，提高整个系统的可靠性和精度，以实现对该事物更全面、更深入的理解，避免由于盲人摸象式的片面认知而做出错误决策。

运用多传感器信息融合技术能够大大提高人类对复杂事物的认知能力，因而其在军事、智能制造、工业机器人、医疗、交通、目标识别与跟踪、故障诊断等众多领域获得广泛应用。

以无人车的智能驾驶系统为例，为了确保无人车的安全驾驶，需要对复杂的行驶路况环境进行实时探测和快速准确的识别。利用有效的多传感器信息融合技术，通过整合激光雷达、毫米波雷达、视觉等多传感器信息，就能实现对环境信息的可靠感知，提升无人车在复杂环境下对环境探测与识别的准确性。

想 一 想

❱ 中医大夫诊病时要"望闻问切"，评价学生的培养质量时要从"德智体美"各方面综合考量，这些都是社会系统中典型的多传感信息融合。你能否再举出几个类似的例子？

❱ 如果用人工智能技术开发一种中医诊疗系统，需要用哪些传感器获取患者信息？

第四章

模式识别

特征提取与特征表示

我们先来玩一个"你说我猜"的游戏。游戏规则如下：

（1）每组两位同学，合作完成游戏；

（2）请一位同学根据屏幕上显示的图片用语言对图中物体进行描述，但不能说出物体的名称；

（3）另一位同学看不到图片，需要通过认真听描述，猜测图中的物体是什么；

（4）每张图片的"你说我猜"时间为30秒，猜不出可喊"过"放弃，超时未猜中记失败一次；

（5）每组比赛时间为5分钟；

（6）猜中图片内容最多的组获胜。

讨论：游戏成功的关键点是什么？

显然，在确保大家都认识所有图片的前提下，说的人必须快速、准确地说出物体的特征，猜的人才能又快又准地猜出来。

▶▶ 特征提取

人在认识各种事物时，大脑会下意识地对其特征进行提炼和存储。当再次看到或听到这些特征时，会与之前大脑中存储的事物特征进行匹配，从而认出该事物。提炼和描述事物的特征信息称为"特征提取"。

对同一事物可从不同角度进行特征提取。例如，"你说我猜"游戏中展示了一张兔子的图片。有的同学会这样描述：

它是一种动物，它长着短短的尾巴，长耳朵，三瓣嘴。

还有的同学可能会这样描述：

它是一种温顺的小动物，它爱吃萝卜、青菜，走起路来蹦蹦跳跳。

显然，高质量的特征提取会大大降低识别的难度。对事物进行特征描述并非靠详尽取胜，而在于精准和独特，要尽量准确地将待识别的事物所具有的独一无二的特征提取出来。

▶▶ 特征表示

具有给定特征的待分类事物称为样本。为了对样本进行正确分类，必须用相同的特征属性描述每个样本。例如，要对水果样本进行分类，每个水果样本的特征属性与特征数量必须一致。表 4-1 统一用形状、果皮颜色、果肉颜色、质量 4 个特征属性描述了几种不同的水果样本。

表 4-1　水果特征

样本编号	水果特征			
	形　状	果皮颜色	果肉颜色	质　量
样本 1	圆形	橙色	橙色	80 克
样本 2	圆形	红色	白色	78 克
样本 3	圆形	绿色	红色	4 000 克
样本 4	椭圆形	紫色	浅绿色	5 克

为了能用计算机进行分类处理，样本的每个特征都需要数值化。对于能够测量的特征属性，可以直接用测量值作为特征值。例如，水果的质量可以用实际质量表示；水果的颜色可以用其色调值或 RGB 值表示。对于那些只能用语言描述的特征，如圆形、方形、三角形……，可以用事先约定的数字

来表示，如"1"代表圆形，"2"代表方形，"3"代表三角形，等等。

将样本的所有特征按照一定的顺序依次排列好，再用一对括号将这些特征括起来，就得到样本的特征向量。

例1 用身高（单位:m）和体重（单位:kg）两个特征描述全班所有的同学，则每个同学的特征向量可写为

张同学 = （1.52，48） 王同学 = （1.62，55） 李同学 = （1.46，45）
孙同学 = （1.27，32） 吴同学 = （1.72，65） 郑同学 = （1.36，41）
……

例2 用长、宽、高3个特征（单位：cm）描述图4-1中的3个盒子，则这些盒子的特征向量可写为

盒子 A=（3，3，3） 盒子 B=（4，2，5） 盒子 C=（2，4，2）

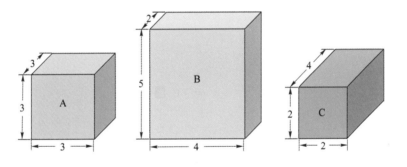

图4-1 例2描述的3个盒子

推广到一般情况，若样本 X 有 n 个特征，则其特征向量表示为

$$X = (x_1, x_2, \cdots, x_n)$$

▶▶ 样本空间

如果用 x 轴表示身高，y 轴表示体重，例1中每个同学的特征向量都代表一组二维平面坐标，对应着 x-y 平面中的一个点。无数个这样的样本点就构成一个平面，称为二维样本空间，图4-2给出例1中6个样本在二维样本空间的分布。

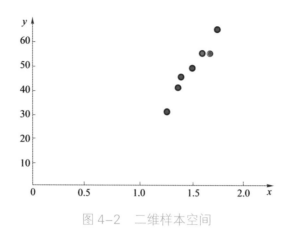

图 4-2　二维样本空间

如果用 x、y、z 轴分别表示长、宽、高，例 2 中每个盒子的特征向量都代表一组三维空间坐标，对应着 x-y-z 空间中的一个点。无数个这样的样本点就构成一个三维样本空间，例 2 中的 3 个样本在三维样本空间的分布如图 4-3 所示。

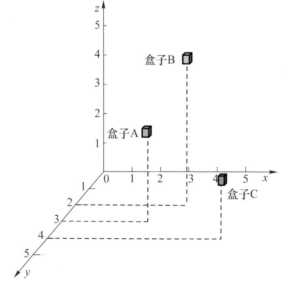

图 4-3　三维样本空间

以此类推，如果一个特征向量包括 n 个特征，则这个向量代表一组 n 维空间的坐标，对应着 n 维空间中的一个点。无数个这样的特征点就构成一个 n 维样本空间。不过，对于 $n>3$ 的抽象空间，我们就难以用生活经验去直观想象了。

练 一 练

▶ 试从蚂蚁的外形、生活习性、社会行为等方面提取蚂蚁的特征，并写成特征向量的形式。

▶ 用年级、性别、身高、体重给出 10 位朋友的特征向量。

▶ 用颜色、形状、大小描述几种水果。

模式识别

➤➤ 什么是模式识别

将具体事物的特征与已知的事物特征进行匹配，从而确定该事物是什么，称为"模式识别"（pattern recognition）。在前面的游戏中，负责说的同学正是在进行特征提取，而负责猜的同学正是在完成模式识别。

"模式"作为抽象的学术语言，在不同的学科中有不同的定义。这里我们采用一种通俗易懂的解释，即事物的标准式样。

模式识别是人类的一种基本智能，人们在观察事物或现象的时候，常常要寻找它与其他事物或现象之间的不同之处，以对事物或现象进行描述、辨认、分类和解释，并根据一定的目的把各个相似的但又不完全相同的事物或现象组成一类。人脑的这种思维能力就构成了"模式"的概念。

➤➤ 模式识别的类型

模式可分成具体的和抽象的两种类型。

图片、文字、声音、符号等都是具体模式，目前模式识别技术主要应用于具体模式的辨识和分类。

诸如管理模式、思维模式、商业模式等属于抽象模式，抽象模式可理解为一种参照性指导方略。良好的指导方略有助于高效地完成任务，有助于按照既定思路快速地做出一个优良的设计方案，达到事半功倍的效果。

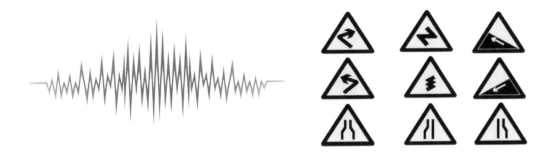

声音 符号

随着 20 世纪 40 年代计算机的出现以及 50 年代人工智能的兴起，人们希望能用计算机来代替或扩展人类的部分脑力劳动。基于计算机的模式识别技术能够赋予机器"一双慧眼"，因而得到迅速发展并广泛应用，成为人工智能的基础技术之一。

理解分类

模式识别最常见的任务是对特征已知的样本进行分类。

已知各个类别的标准特征，如何判断一个待识别的样本属于哪个类别呢？一个自然而然会想到的办法是：将该样本的特征与所有类别的分类标准进行比较，看看它最符合哪个类别的标准，这个过程称为模式匹配。分类即通过模式匹配判断样本的类别归属。

分类的前提是必须给出明确的分类标准。有了分类标准，才能对样本进行模式匹配。例如,将全班同学"按身高分为 3 类",分类标准为:身高低于 1.5

米的为第一类；身高为 1.5~1.65 米的为第二类；身高为 1.65 米以上的为第三类。

根据这个标准，例 1 中的李同学、孙同学和郑同学应分到第一类，张同学和王同学应分到第二类，而吴同学独自在第三类。

分类前提

分类的前提是必须明确分类要求，即知道每个类别的标准特征，才能对具有已知特征的样本按照类别标准——归类。例如，将全校同学按"性别"特征进行分类，可分为男生和女生两个类别；再如，将全体初中生按"年级"特征进行分类，可分为初一、初二和初三 3 个类别。

如图 4-4 所示，当我们将所有待分类样本看作样本空间的点时，在数学意义上，对样本进行分类的本质是：

根据分类要求，在样本空间找出符合分类要求的分割界，从而将样本空间分割为不同的区域，使每个区域内的样本属于一类。

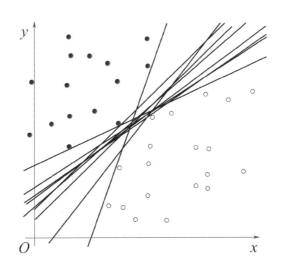

图 4-4　寻找分割界

线性分类

在图 4-5 中，用一条直线在平面上或用一个平面在三维空间中作为分割界可将两类样本分开。如果能够用直线或平面将样本空间不同类别的样本点截然分开，这样的分类称为线性分类，这样的样本称为线性可分的样本。

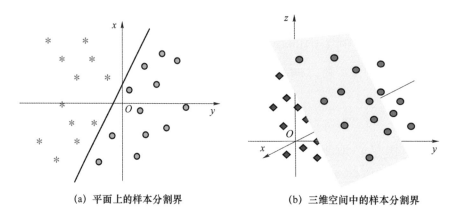

(a) 平面上的样本分割界　　　　　(b) 三维空间中的样本分割界

图 4-5　线性分类与线性可分样本

▶▶ 非线性分类与线性不可分

线性分类方法只适合解决那些简单的分类问题。客观世界中许多事物在样本空间中的区域分布是十分复杂的，相近的样本可能属于不同的类，而远离的样本可能同属一类。在这种情况下无法用直线或平面将样本空间不同类别的样本点截然分开，这样的分类称为非线性分类，这样的样本称为线性不可分的样本。

线性不可分的样本需要用曲线或曲面来分割不同的样本区域。图 4-6 给出两种非线性分类的情况。

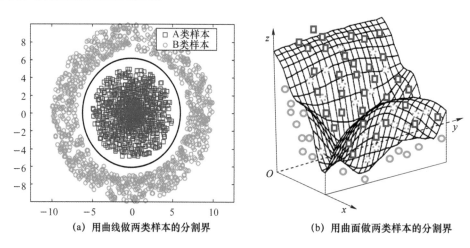

(a) 用曲线做两类样本的分割界　　　　　(b) 用曲面做两类样本的分割界

图 4-6　非线性分类与线性不可分样本聚类的数学意义

▶▶模式匹配的数学意义

在进行模式匹配时，常将类别的标准特征称为模板。已知某个类别的模板，如何判断一个待分类样本是否属于这个类别呢？这就需要将待分类样本的特征与各模板进行模式匹配，其数学意义是：计算待分类样本的特征向量与各模板之间的距离。从样本空间来理解，就是计算空间中两个点之间的距离。这个距离越短，意味着匹配度越高。

设有 3 个类别，各类别的标准特征向量为 **A**、**B**、**C**，待分类样本的特征向量为 **X**，4 个向量在样本空间的分布如图 4–7 所示，该样本应该归为哪个类别？

根据模式匹配的数学意义可以直观地看出，模板 **B** 与 **X** 最匹配，故 **X** 应该归为 **B** 类。如果对 3 维以上空间的样本进行模式匹配，就必须通过计算得到两个点之间的距离。

分类和模式匹配的数学意义告诉我们，可以采用数学方法通过计算机程序来完成分类任务，这类由计算机程序执行的、对数据进行运算和操作的方法称为算法。

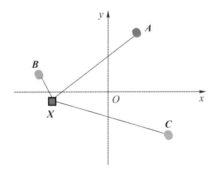

图 4–7　模板 **A**、**B**、**C** 和待分类
样本 **X** 在样本空间的分布

分类练习

❯ 请将下列二维样本标在平面中，若能用直线将这些样本分类，写出直线方程。

样本序号	特征 1	特征 2
1	1.0	2.0
2	−1.0	4.0
3	2.5	1.0
4	4.5	0.5
5	4.0	−1.0
6	−0.5	0.5
7	−2.5	2.0
8	−1.0	−1.0
9	−2.0	2.0
10	2.0	−2.5

体验分类算法

　　在我们的日常生活中，常常需要对客观存在的事物进行分类，而无法给出明确类别标准的分类问题大量存在。对于这种情况，人们是如何进行正确分类的呢？原来，人脑能够从大量已知类别归属的事物中自行提炼（包括分析、推理甚至猜测）类别标准，用这个标准对未知类别的事物进行分类，再用实践对分类结果进行检验，然后根据分类结果是否准确对类别标准进行调整。这是一个从分类实践中不断学习、反复修正和逐渐积累分类知识的过程。

　　以医生为患者诊断病情为例。诊断的本质就是对患者的症状和各项检查结果进行分类。有经验的老大夫的诊断结果往往要比初出茅庐的医学院毕业生更加可靠，这是因为老大夫在漫长的职业生涯中见过更多的病例，从而积累了丰富的诊断经验。换成模式识别中的专业术语来表达：由于有经验的医生研究过大量已知类别的样本，并从这些样本中学习到更全面的类别标准，因此分类的准确率更高。

　　显然，从大量已知类别归属的事物中提炼其中隐含的类别标准，正是人脑所擅长的信息处理方式。那么，这种脑式信息处理方式是否可以用计算机实现呢？

▶ 训练样本与测试样本

　　在模式识别领域，类别的标准特征往往是未知的，需要采用各种算法从大量类别已知的历史样本数据中抽取类别标准，这个过程称为训练，训练所用的样本集合称为训练样本集（或简称训练集）。训练结束后，计算机程序需要根据从训练集中获取的分类知识对非训练集的样本数据进行"举一反三"的分类测试，来评价训练效果是否达到要求，测试过程所用的样本集合称为测试样本集（或简称测试集）。

下面我们一起来完成一个简单的分类任务。

明明想报名参加学校组织的暑期夏令营活动，但所有学生的报名表需要经过家长签字同意并通过学校的审查。审查结果无非是两类，即"通过"和"未通过"。明明也不清楚什么情况才可以通过审查，换句话说，明明不知道"通过"和"未通过"这两个类别的分类标准是什么。

学生家长的态度可归纳为 4 种情况：①爸爸妈妈都同意；②爸爸同意，妈妈不同意；③妈妈同意，爸爸不同意；④爸爸妈妈都不同意。我们不妨约定：用数字"1"代表同意，用数字"0"代表不同意；用"*"代表报名通过，用"●"代表报名未通过。从上一期夏令营报名通过的情况看，4 种情况和对应的两类结果如表 4-2 所示。

表 4-2　4 种情况和两类结果

样　本	爸　爸	妈　妈	结　果
1	0	0	●
2	0	1	*
3	1	0	*
4	1	1	*

分析表 4-2 中的数据可以得知，报名通过和未通过的分类标准是：学生的父母中至少有一位签字同意。

对于如此简单的分类问题，隐含在数据中的分类标准是很容易看出来的。接下来要解决的问题是，计算机程序如何用数学方法从一堆数据中找到隐含的分类知识呢？

用特征向量 (x, y) 描述明明父母的态度样本，则 4 个样本对应二维样本空间上的 4 个点，其坐标分别为 $(0, 0)$、$(0, 1)$、$(1, 0)$、$(1, 1)$。

从图 4-8 中我们一眼就能看出，只需用一条直线就可以将样本空间分割成两个区域，使 4 个样本点分别归为两类。

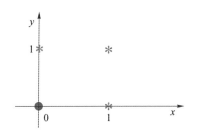

图 4-8 样本空间的 4 个样本

由数学和平面解析几何知识可知，二元一次方程

$$ax+by+c=0$$

对应着平面上的一条直线，方程中样本特征 x 和 y 前面的系数 a 和 b 称为权值，常数项 c 称为阈值。3 个值构成一个向量 (a, b, c)，常称为权向量。权向量决定了直线在平面上的确切位置。

推广到三维样本空间，三元一次方程

$$ax+by+cz+d=0$$

对应着三维空间上的一个平面，方程中样本特征 x、y 和 z 前面的系数 a、b 和 c 称为权值，常数项 d 称为阈值。由 4 个值构成的权向量 (a, b, c, d) 决定了该平面在三维空间中的确切位置。

解决问题的思路：如果我们能够找到一种合适的算法，使计算机程序能够从训练样本集中提炼隐含的分类知识，再根据这些知识确定各个权值，是不是就能构造出正确的分界线或分界平面了呢？

▶▶最简单的分类算法——感知器

用来对样本进行分类的计算机程序称为分类器。

根据不同的分类任务，可以用各有所长的分类方法设计不同的分类器。典型的模式分类方法有：线性分类器，如早期的单层感知器；非线性分类器，如 BP 神经网络、径向基函数（RBF）、支持向量机（SVM）、贝叶斯判别、

决策树等。

下面我们尝试用感知器学习算法设计一个线性分类器，并用已知审查结果的数据对分类器进行训练。

分类器的输入用特征向量 **I** 表示，**I** 代表学生父母的态度样本，分类器的输出用 O 表示，$O=1$ 表示报名"通过"，$O=-1$ 则表示报名"未通过"。分类器要学习的训练样本集如表 4-3 所示，其中每个样本和对应的期望输出（也称为教师信号或标注）构成一个样本对，分类规则就隐含在表 4-3 给出的 4 个样本对中。

表 4-3　训练样本集

样本序号	特征 1	特征 2	期望输出
1	0	0	−1
2	0	1	1
3	1	0	1
4	1	1	1

感知器学习算法按如下步骤进行。

（1）对二元一次方程中的 3 个常数进行初始化，即对 a、b、c 分别赋予较小的随机数；这里我们设 $a=0$，$b=2$，$c=-1$，则权向量 $(0，2，-1)$ 确定的直线方程为

$$2y-1=0$$

在图 4-9 的平面上画出这条直线，我们发现这条随意给出的分界线并不能将平面上的两类样本正确分开。下面我们需要通过调整 3 个权值来改变分界线在平面上的位置，从而使两类样本正确分类。

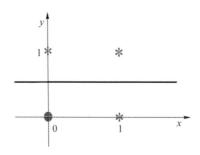

图 4-9　随机初始化后的分界线

（2）向分类器输入一个样本对，并计算分类器的输出。感知器学习算法

规定

当 $ax+by+c \geq 0$ 时，分类器输出 $O=1$

当 $ax+by+c < 0$ 时，分类器输出 $O=-1$

根据初始权向量，分类器对 4 个样本的输出如表 4-4 所示。

表 4-4 分类器的输出

样本序号	特征 1	特征 2	期望输出	分类器输出	误差
1	0	0	−1	−1	0
2	0	1	1	1	0
3	1	0	1	−1	2
4	1	1	1	1	0

期望输出与分类器实际输出之间的差值称为误差。从表 4-4 中可以看出，分类器输出不符合期望输出，3 号样本存在分类误差。

（3）调整权值和阈值。

权值的调整规则：新权值 = 原权值 + 当前误差 × 当前样本特征值。

阈值的调整规则：新阈值 = 原阈值 + 当前误差。

（4）返回到步骤 (2) 输入下一对样本。

对训练集的全部样本既不遗漏也不重复地输入一遍，同时对权向量进行调整，称为一轮训练。一般来说，训练需要周而复始地进行很多轮次，直到分类器对所有样本的实际输出都与期望输出相同为止。

下面我们根据感知器规则，对 a，b，c 进行第一轮调整。

输入 1 号样本 (0，0)，对应的误差为 0，因此初始权向量 (0，2，−1) 不需要调整。

输入 2 号样本 (0，1)，对应的误差仍然为 0，权向量 (0，2，−1) 不需要调整。

继续输入 3 号样本 (1，0)，此时对应的误差为 2，需要根据权值和阈值调整规则对权向量的 3 个值进行调整，即

$$a = 0 + 2 \times 1 = 2$$
$$b = 2 + 2 \times 0 = 2$$
$$c = -1 + 2 \times 1 = 1$$

得到新的权向量 (2，2，1)，对应的直线方程为 $2x+2y+1=0$。

最后输入 4 号样本 (1，1)，此时需要用新的权向量 (2，2，1) 重新计算分类器输出，得到 $O=1$，与期望输出一致，故误差为 0，不需要调整权向量。

从图 4-10 可以看出，第一轮训练结束时，分类器仍然不能对 4 个样本进行正确分类，需要继续进行第二轮训练。请同学们自行尝试。

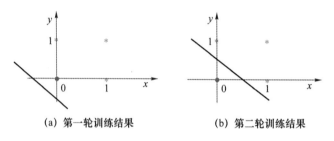

(a) 第一轮训练结果　　　　　　(b) 第二轮训练结果

图 4-10　感知器算法前两轮训练结果

由感知器权向量 $(a，b，c)$ 确定的直线方程规定了分界线在二维样本空间的位置，从而也确定了如何将输入样本分为两类。假如分界线的初始位置不能将 "*" 类样本同 "•" 类样本正确分开，只要改变权向量，分界线也会随之改变，因此总可以将其调整到正确分类的位置。

许多学者已经证明，如果输入样本是线性可分的，无论感知器算法在初始化时对权向量如何取值，以及在训练时按照何种顺序输入样本，经过有限次调整后，总能够稳定到一个权向量，使该权向量确定的直线或平面能将两类样本正确分开。

应当看到，能将样本正确分类的权向量并不是唯一的，一般初始权向量不同，训练过程和所得到的结果也不同，但都能满足误差为零的要求。

课堂练习

❯ 分组进行感知器学习算法练习，各组为 a、b、c 赋予不同的初始值，4 个样本的输入顺序可自行规定。

理解聚类

通过前面的学习我们知道，分类的前提条件是必须知道每个类别的分类标准，才能按照类别标准对样本进行归类。而分类标准一般需要从足够多的已知分类结果的历史数据中提炼。所以，分类的前提就转换为必须有大量已知分类结果的历史数据。

如果我们既不知道每个类别的分类标准，也没有已经标注过类别的样本数据，但有很多类别未知的样本。想一想这种情况下该如何进行分类呢？

▶▶聚类任务

任务：表4-5给出某学校30位初中男生的身高-体重数据，请将这些样本分为3类。

表4-5 初中男生身高-体重数据

样本号	身高/cm	体重/kg	样本号	身高/cm	体重/kg
1	130.0	38	16	152.5	50
2	130.5	36	17	153.0	51
3	131.0	35	18	153.5	53
4	131.5	33	19	154.0	49
5	132.0	36	20	154.5	52
6	132.5	38	21	170.0	65
7	133.0	32	22	170.5	62
8	133.5	34	23	171.0	64
9	134.0	37	24	171.5	70
10	134.5	35	25	172.0	66

样本号	身高/cm	体重/kg	样本号	身高/cm	体重/kg
11	150.0	48	26	172.5	71
12	150.5	49	27	173.0	68
13	151.0	46	28	173.5	72
14	151.5	52	29	174.0	69
15	152.0	48	30	174.5	63

分析：此任务要求将表 4-5 中的 30 个样本分为 3 个类别，但没有给出每个类别的标准，而且这些样本也没有事先标注类别，因此无法从中提炼分类知识。

我们先将给出的 30 个样本标在图 4-11 所示的平面上。观察这些样本在样本空间中的分布，我们会发现，那些特征相似的样本在样本空间形成了"物以类聚"的团簇，处于同一个团簇的样本彼此相近，而处于不同团簇的样本彼此分离。这样的一个团簇就可以看作一个类别。按照样本间的相似性对待识别样本进行匹配，从而判断其类别归属，称为聚类。

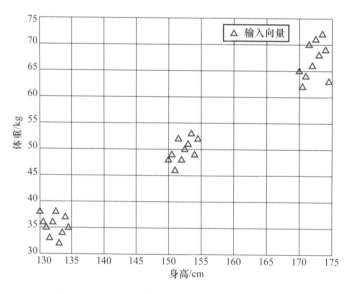

图 4-11　30 个样本在二维样本空间的分布

▶▶聚类中心

若样本空间存在若干个这样的团簇，计算机程序如何判别一个新样本属于哪个类别呢？一个最直观易懂的办法是，从每个团簇的中心位置选一个样本，这个样本可以看作这个类别的代表，称为聚类中心。有了每个类别的聚类中心，就可以对待识别样本进行匹配，从而判断其类别归属了。

聚类任务的特点是同一类别的样本都必须符合"彼此相似"的原则，即同类的样本之间没有"违和感"；而分类任务的特点则是每个类别的样本都必须符合该类别的分类标准。对于分类来说，非常相似的样本可能不属于同一类别。如果要求用性别特征将所有同学分为男生和女生两个类别，那么即使是形象、性格和习惯都非常相似的龙凤双胞胎，也不能分到同一个类别。

我们再通过一个实例来理解什么是聚类。某皮革厂制作一件羊皮大衣需要用若干张羊皮，为了使皮衣更美观，需挑选颜色和纹理都非常接近的羊皮作为同一件皮衣的原料，因此皮革厂有一道工序称为"配皮"。能够被聚为一类的羊皮（即样本）其外观必须彼此匹配，所以皮革厂的"配皮"工序其实就是模式识别中的聚类。

从 [10，100]cm 区间随机选出 50 条直线，随机抽取其中的 30 条直线样本作为训练样本集，其余 20 条直线作为测试样本集。

用一种称为"胜者为王"的算法将其聚为 3 类，具体规则如下。

体验聚类算法

聚类任务：将表 4-5 中的样本聚为 3 类。

分析：任务中没有给出每个类别的标准特征，需要考查样本间的相似情况，将相似的样本聚为一类，此外还要找到每类的标准特征，即聚类中心。

▶ 样本的相似性度量

比较两个样本的相似性可转化为测量两个样本点在样本空间的距离，并以此距离的大小作为两样本相似性的度量。

虽然从二维和三维样本空间的图中可以十分清晰地看出样本间的距离远近，从而可以通过目测发现隐藏在二维和三维样本空间中的聚类，但是随着样本空间维数的增加，我们很难再通过目测来进行观察。一般来说，需要用某种合适的聚类算法来解决具体问题。

▶ 最简单的聚类算法——胜者为王聚类算法

胜者为王聚类算法采用了一种简单的竞争学习策略。该算法可分为 3 个步骤。

（1）初始化聚类中心。

拟将样本聚为多少类，就需要设置多少个权向量，每个权向量代表某一类的聚类中心。本任务要求将 30 个样本分为 3 类，所以需要 3 个权向量作为聚类中心。

对聚类中心进行初始化的方法很多。例如，可随机指定 3 个样本作为聚类中心，也可以用随机数为每个向量赋值。从表 4-5 中可以看出，30 个样本的身高特征为 130~174.5 cm，可从中随机选 3 个数 135、145、155 作为 3 个权向量的身高特征；30 个样本的体重特征为 25~60 kg，可从中随机选 3 个数 40、50、60 作为 3 个权向量的体重特征。如图 4-12 所示，3 个初始权向量分别为（135，40）、（145，50）、（155，60）。

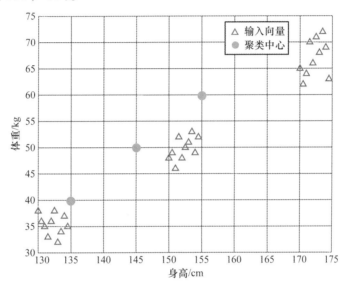

图 4-12　3 个初始权向量在样本空间的分布

（2）确定竞争获胜的权向量。

以表 4-5 中给出的 30 个样本作为训练样本集，随机但不重复地从训练样本集中抽取一个样本作为算法的输入。

每个输入样本均与 3 个权向量进行相似性比较，即测量当前输入样本在样本空间的位置与 3 个权向量在样本空间的位置之间的距离，这种距离称为欧式距离。与当前输入样本欧式距离最短的权向量在相似性竞争中获胜。

根据几何知识我们知道，若平面上两点 A 和 B 的坐标分别为（x^a, y^a）、（x^b, y^b），则两点间的距离为

$$d = \sqrt{(x^b - x^a)^2 + (y^b - y^a)^2}$$

以此类推，n 维空间中两点间的欧式距离为

$$d = \sqrt{(x_1^a - x_1^b)^2 + (x_2^a - x_2^b)^2 + \cdots + (x_n^a - x_n^b)^2}$$

图4-13中标出了某个当前输入样本与3个权向量之间的距离和获胜权向量。

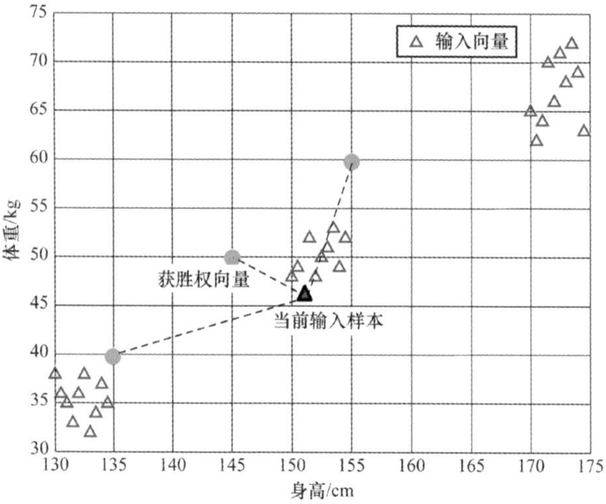

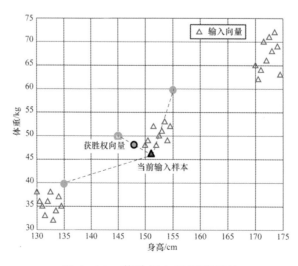

图 4-13　当前输入样本与 3 个初始权向量间的欧式距离和获胜权向量

（3）获胜权向量调整权值。

胜者为王竞争学习算法规定，只有获胜权向量才有权进行调整，其他权向量"原地不动"。获胜权向量的调整办法是：令获胜权向量向当前输入样本方向移动一步，移动的步长与两点间的距离成正比。比例系数 α 称为学习率，是 (0，1] 区间的常数。设 $\alpha=0.5$，获胜权向量调整情况如图 4-14 所示，可以看出获胜权向量调整的结果是缩短与当前输入样本的距离。

图 4-14　获胜权向量调整权值

（4）返回步骤（2）输入下一个样本，直到达到事先规定的训练次数。

课堂练习

❖ 设 3 个初始权向量均为（152，52），学习率 $\alpha=0.5$。试根据胜者为王规则，对 3 个权向量进行一轮调整。

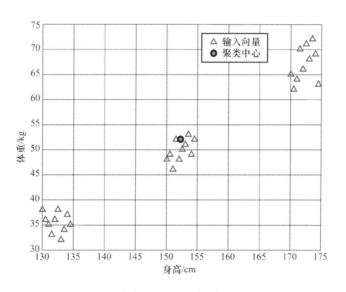

3 个权向量的初始位置

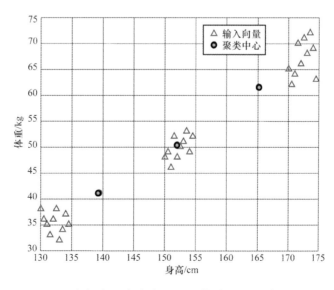

3 个权向量在竞争学习一轮次后的分布

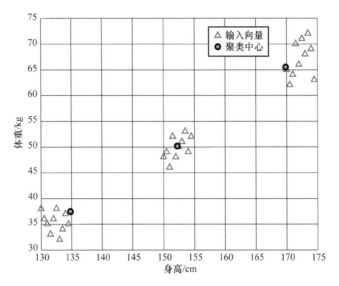

3 个权向量在竞争学习两轮次后的分布

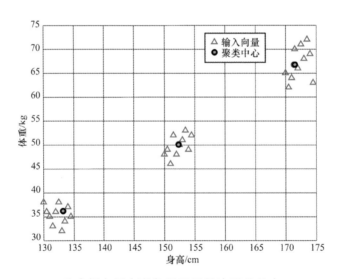

3 个权向量在竞争学习三轮次后的分布

◆思考：学习率 α 取得大一些好，还是小一些好？为什么？

第五章

人工神经网络基础

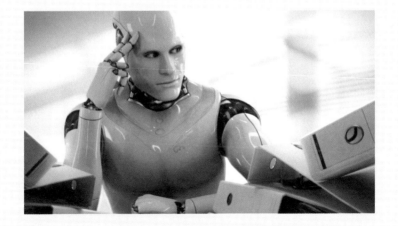

计算机之父：冯·诺依曼

迄今为止的各代计算机都是基于冯·诺依曼原理工作的。冯氏计算机的特点是：

（1）存储器与处理器相互独立，信息存储与处理是完全分开的；

（2）处理的信息必须是用二进制编码表达的文字、符号、数字、指令和各种规范化的数据格式、命令格式等；

（3）信息处理是串行的，即CPU不断地重复取址、译码、执行、存储这4个步骤。

这种计算机的结构和串行工作方式决定了它只擅长于数值运算和逻辑运算。

人类的大脑大约包含$1.4×10^{11}$个神经细胞，又称为神经元（neuron）。每个神经元有10^3～10^5个通道同其他神经元广泛地相互连接，形成复杂的生物神经元网络。生物神经元网络以神经元为基本信息处理单元，对信息进行分布式存储与加工，这种信息加工与存储相结合的群体协同工作方式使得人脑呈现出目前计算机无法模拟的神奇智能。

为了进一步模拟人脑的形象思维方式，人们不得不跳出冯·诺依曼计算机的框架另辟蹊径，从模拟人脑生物神经元网络的信息存储、加工处理机制入手，从而设计出具有人类思维特点的智能机器，这无疑是最有希望的途径之一。

下面将说明，作为"智能"物质基础的大脑是如何构成、如何工作的？在我们设计人工智能信息处理系统时可以从中得到什么启示？

生物神经元的构件

神经生理学和神经解剖学的研究结果表明，神经元是脑组织的基本单元，是神经系统结构与功能的单位。

人脑中神经元的形态不尽相同，功能也有差异，但从组成结构来看，各种神经元是有共性的。神经元在结构上由细胞体、树突、轴突和突触四部分组成。图 5-1 给出一个典型神经元的基本结构。

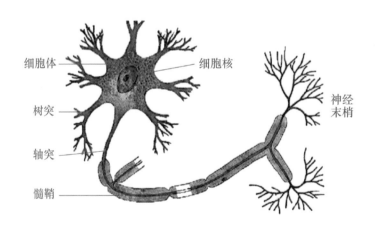

图 5-1　生物神经元简化示意图

▶▶ 细胞体 (cell body)

细胞体是神经元的主体，由细胞核、细胞质和细胞膜三部分构成。细胞核占据细胞体的很大一部分，进行着呼吸和新陈代谢等许多生化过程。细胞体的外部是细胞膜，将膜内外细胞液分开。由于细胞膜对细胞液中的不同离子具有不同的通透性，使得膜内外存在着离子浓度差，从而出现内负外正的电位差。

▶ 树突 (dendrite)

从细胞体向外延伸出许多突起的神经纤维，其中大部分突起较短，其分支多群集在细胞体附近，形成灌木丛状，这些突起称为树突。神经元靠树突接收来自其他神经元的输入信号，相当于细胞体的输入端。

▶ 轴突 (axon)

由细胞体伸出的最长的一条突起称为轴突，轴突外面包裹了一层膜，称为髓鞘。轴突比树突长而细，用来传出细胞体产生的电化学信号。轴突也称神经纤维，其分支倾向于在神经纤维终端处长出，这些细的分支称为轴突末梢或神经末梢。每一条神经末梢都可以传出信号，相当于细胞体的输出端。

▶ 突触 (synapse)

神经元之间通过一个神经元的轴突末梢和其他神经元的细胞体或树突进行通信连接，这种连接相当于神经元之间的输入输出接口，称为突触。突触是一个神经元的冲动传到另一个神经元间的相互接触的结构。

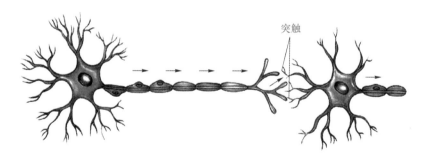

在光学显微镜下观察，可以看到一个神经元的轴突末梢经过多次分支，最后每一小支的末端膨大呈杯状或球状，这些末端膨大部分叫作突触小体。这些突触小体可以与多个神经元的细胞体或树突相接触，形成突触。从电子显微镜下观察，可以看到，这种突触是由突触前膜、突触间隙和突触后膜三部分构成的（见图 5-2）。

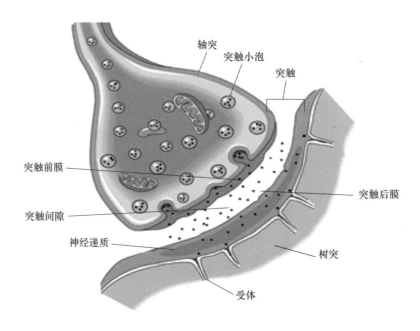

图 5-2　突触结构示意图

　　突触前膜是指第一个神经元的轴突末梢部分，突触后膜是指第二个神经元的树突或细胞体等受体表面。突触在轴突末梢与其他神经元的受体表面相接触的地方有 15 ～ 50 nm 的间隙，称为突触间隙，在电学上把两者断开。每个神经元大约有数千个突触，多个神经元以突触连接即形成神经网络。

练 一 练

❯请整理本节内容，将要点填写在表格里。

生物神经元	构件名称		形态描述	功能描述
	中　文	英　文		

第二节
Section 2

生物神经元的信息处理机理

在生物神经元中，突触为输入输出接口，树突和细胞体为输入端，接收突触点的输入信号；细胞体相当于一个微型处理器，对各树突和细胞体各部位收到的来自其他神经元的输入信号进行组合，并在一定条件下触发，产生一输出信号；输出信号沿轴突传至末梢，轴突末梢作为输出端通过突触将这一输出信号传向其他神经元的树突和细胞体。下面对生物神经元产生、传递、接收和处理信息的机理进行分析。

▶▶ 信息的产生

研究认为，神经元间信息的产生、传递和处理是一种电化学活动。由于细胞膜本身对不同离子具有不同的通透性，使膜内外细胞液中的离子存在浓度差，从而造成膜内外存在电位差。在没有神经信号输入时，神经细胞膜内外因离子浓度差而造成的电位差为 –70 mV(内负外正) 左右，称为静息电位，此时细胞膜的状态为极化状态 (polarization)，神经元的状态为静息状态。当神经元受到外界的刺激时，如果膜电位从静息电位向正偏移，称之为去极化(depolarization)，此时神经元的状态为兴奋状态；如果膜电位从静息电位向负偏移，称之为超级化(hyperpolarization)，此时神经元的状态为抑制状态。

神经元细胞膜的去极化或超极化程度反映了神经元的兴奋或抑制的强烈程度。在某一给定时刻，神经元总是处于静息、兴奋和抑制 3 种状态之一。神经元中信息的产生与兴奋程度相关，在外界刺激下，当神经元的兴奋程度超过了某个限度，也就是细胞膜去极化程度超过了某个阈值电位时，神经元被激发而输出神经脉冲。

每个神经脉冲产生的经过如下：当膜电位以静息膜电位为基准高出 15 mV，即超过阈值电位 (–55 mV) 时，该神经细胞变成活性细胞，其膜电位自发地急速升高，在 1 ms 内相对于静息膜电位上升 100 mV 左右，此后膜电位又急速下降，回到静止时的值。这一过程称为细胞的兴奋过程，兴奋的结果产生一个宽度为 1 ms，振幅为 100 mV 的电脉冲，又称神经冲动，如图 5-3 所示。

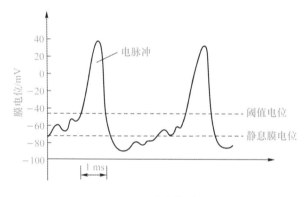

图 5-3　膜电位变化

值得注意的是，当细胞体产生一个电脉冲后，即使受到很强的刺激，也不会立刻产生兴奋，这是因为神经元发放电脉冲时，暂时性阈值急速升高，持续 1 ms 后慢慢下降到 –55 mV 这一正常状态，这段时间约为数毫秒，称为不应期。其中，1 ms 的持续时间称为绝对不应期，数毫秒的下降时间称为相对不应期。不应期结束后，若细胞受到很强的刺激，则再次产生兴奋性电脉冲。由此可见，神经元产生的信息是具有电脉冲形式的神经冲动。各脉冲的宽度和幅度相同，而脉冲的间隔是随机变化的。某神经元的输入脉冲密度越大，其兴奋程度越高，在单位时间内产生的脉冲串的平均频率也越高，但由于脉冲的最小间隔不会小于不应期，因此在单位时间内产生的脉冲串的平均频率是有上限的，即神经元的输出具有饱和特性。

▶▶ 信息的传递与接收

神经元对信息的传递和接收都是通过突触进行的。突触间隙使突触前膜和突触后膜在电路上断开，神经脉冲信号是如何通过的呢？

沿轴突传向其末端各个分支的脉冲信号，在轴突的末端触及突触前膜时，突触前膜的突触小泡能释放一种化学物质，称为递质。在前一个神经元发放脉冲并传到其轴突末端后，这种递质从突触前膜释放，经突触间隙的液体扩散，在突触后膜与特殊受体相结合。

受体的性质决定了递质的作用是兴奋的还是抑制的，并据此改变后膜的离子通透性，从而使突触后膜电位发生变化。根据突触后膜电位的变化，可将突触分为两种：兴奋性突触和抑制性突触。兴奋性突触的后膜电位随递质与受体结合数量的增加而向正电位方向增大，抑制性突触的后膜电位随递质与受体结合数量的增加向更负电位方向变化。

当突触前膜释放的兴奋性递质使突触后膜的去极化电位超过了某个阈值电位时，后一个神经元就有神经脉冲输出，从而把前一个神经元的信息传递给了后一个神经元（见图5-4）。这种传递的效率与突触的连接强度（或称耦合系数）有关，不同的突触连接可以将传递的信息增强或削弱。

图 5-4 突触信息传递过程

从脉冲信号到达突触前膜，到突触后膜电位发生变化，有0.2～1 ms的时间延迟，称为突触延迟(synaptic delay)，这段延迟是化学递质分泌、向突触间隙扩散、到达突触后膜并在那里发生作用的时间总和。由此可见，突触对神经冲动的传递具有延时作用。

人脑神经元间的突触联系大部分是在出生后由于给予刺激而成长起来的。外界刺激性质不同，神经元之间的突触联系也就不同，即外界刺激能够改变突触后膜电位变化的方向与大小。从突触信息传递的角度看，表现为放大倍数和极性的变化。正是由于各神经元之间的突触连接强度和极性有所不同并可进行调整，人脑才具有学习和存储信息的功能。

递质的作用机理

　　从化学角度看，当兴奋性化学递质传送到突触后膜时，后膜对离子通透性的改变使流入细胞膜内的正离子增加，从而使突触后膜去极化，产生兴奋性突触后电位；当抑制性化学递质传送到突触后膜时，后膜对离子通透性的改变使流出细胞膜外的正离子增加，从而使突触后膜超极化，产生抑制性突触后电位。

▶▶ 信息的整合

　　神经元对信息的接收和传递都是通过突触来进行的。图5-5表明，单个神经元可以与多达数千个其他神经元的轴突末梢形成突触连接，接收从各个轴突传来的脉冲输入。这些输入可到达神经元的不同部位，输入部位不同，对神经元影响的权重也不同。在同一时刻产生的刺激所引起的膜电位变化，大致等于各单独刺激引起的膜电位变化的代数和。这种加权求和称为空间整合。另外，各输入脉冲抵达神经元的先后时间也不一样。由一个脉冲引起的突触后膜电位很小，但在其持续时间内有另一脉冲相继到达时，总的突触后膜电位增大。这种现象称为时间整合。

　　一个神经元的输入信息在时间和空间上常呈现一种复杂多变的形式，神经元需要对它们进行积累和整合加工，从而决定输出的时机和强弱。正是神经元的这种时空整合作用，才使得亿万个神经元在神经系统中可以有条不紊、夜以继日地处理着各种复杂的信息，执行着生物中枢神经系统的各种信息处理功能。

(a) 树突接收多路脉冲信息　　　　　　　　(b) 对输入信息进行时空整合

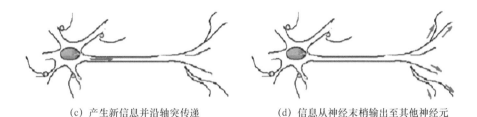

(c) 产生新信息并沿轴突传递   (d) 信息从神经末梢输出至其他神经元

图 5-5　生物神经元中信息的接收－整合－产生－传递－输出

>> 生物神经网络

由多个生物神经元以确定方式和拓扑结构相互连接即形成生物神经网络，生物神经网络中各神经元之间连接的强弱，根据外部的激励信号作自适应变化，而每个神经元又随着接收到的多个激励信号的综合结果呈现出兴奋与抑制状态。大脑的学习过程就是神经元之间连接强度随外部激励信息作自适应变化的过程，大脑处理信息的结果由各神经元状态的整体效果确定。显然，生物神经网络的功能不是单个神经元信息处理功能的简单叠加。

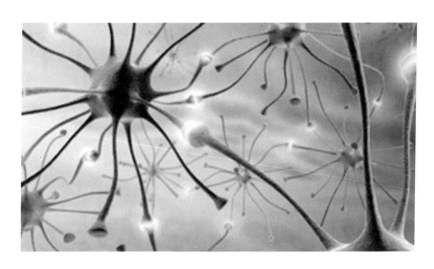

对照以人（脑）为基本单位的人类社会，我们会发现，社会的网络连接与生物神经网络的网络连接有异曲同工之妙。人与人之间的联系强度不是固定不变的，而是随着各种刺激信息作自适应变化，从而使社会整体上呈现出一定时期的社会风气、社会思潮和社会现象。

以微信为例，在这个巨大的信息传播网络中，每个人都如同一个具有信息处理能力的神经元，同时又与其他人（父子、母子、兄弟姐妹、同学、邻居、同事、师生、好友等）形成远近亲疏动态变化的连接关系，从而形成各自的朋友圈；十几亿个这样的朋友圈盘根错节、交叉互动，形成一个分布并行的动态信息传播巨网。

图片来源：FAS.research 2002

想 一 想

❯❯ 如果将每个生物神经元看作一个微型信息处理器，该处理器有多少个信息输入通道？有多少个信息输出通道？

❯❯ 生物神经元的输入信息会使其膜电位发生何种改变？

❯❯ 为什么神经元输入与输出间有一定的时间滞后？

人工神经元模型

为了建立人工神经元模型，研究者们对生物神经元的信息处理机制进行了简化，并分别以文字、图解和数学等形式进行描述。

目前人们提出的神经元模型已有很多，其中最早提出且影响最大的是 1943 年心理学家麦卡洛可 (McCulloch) 和数学家沃尔特·皮特斯 (Walter Pitts) 在分析总结神经元基本特性的基础上提出的 M-P 模型。该模型经过不断改进后，形成目前广泛应用的神经元模型。

▶▶ 用语言描述的 M-P 模型

关于神经元的信息处理机制，M-P 模型在简化的基础上提出以下 6 点假定进行描述：

(1) 每个神经元都是一个多输入单输出的信息处理单元；

(2) 神经元输入分兴奋性输入和抑制性输入两种类型；

(3) 神经元具有空间整合特性和阈值特性；

(4) 神经元输入与输出间有固定的时间滞后，主要取决于突触的延搁；

(5) 忽略时间整合作用和不应期；

(6) 神经元是非时变的，即其突触时延和突触强度均为常数。

显然，上述假定是对生物神经元信息处理过程的简化和概括，它清晰地描述了生物神经元信息处理的特点，而且便于用图和公式进行形式化表达。

人工神经元的 M-P 模型可用图 5-6(b) 中的图解模型来表达。可以看出，该图解模型在结构上与生物神经元〔见图 5-6(a)〕十分相似。

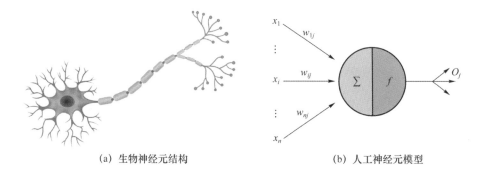

(a) 生物神经元结构   (b) 人工神经元模型

图 5-6   人工神经元图解模型

下面将图 5-6(b) 中的图解模型分解为图 5-7 中的 4 个示意图，与 M-P 模型的 6 点假定进行对照。

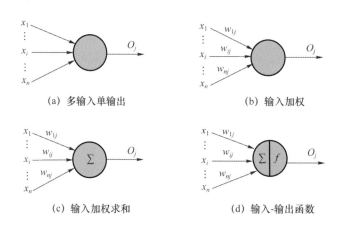

(a) 多输入单输出   (b) 输入加权

(c) 输入加权求和   (d) 输入-输出函数

图 5-7   神经元模型示意图

图 5-7(a) 表明，正如生物神经元有许多激励输入一样，人工神经元也应该有许多的输入信号 (图中每个输入的大小用数值 x_i 表示，$i=1，2，\cdots，n)$，它们同时输入神经元 j，人工神经元的输出也同生物神经元一样仅有一个，用 O_j 表示。

图 5-7(b) 表明，人工神经元的每一个输入通道上都有一个称为权重值的系数 w_{ij}，权重值的正负模拟了生物神经元中突触的兴奋和抑制，其大小则代

表了突触的不同连接强度，w_{ij} 的下标 i、j 分别代表神经元 i 与神经元 j。

图 5-7(c) 表明，人工神经元作为人工神经网络的基本处理单元，必须对全部输入信号进行整合，以确定各类输入的总体作用效果，输入信号的"总和值"（用 $\sum$ 表示求和）对应于生物神经元的膜电位。

图 5-7(d) 表明，神经元激活与否取决于某一阈值电平，即只有当其输入总和超过阈值（用 T 表示）时，神经元才被激活而发放脉冲，否则神经元不会产生输出信号。输出与输入之间的对应关系可用某种函数 f 来表示，这种函数一般都是非线性的。

▶▶用公式描述的

M-P 模型的 6 点假定和图解模型都无法直接利用计算机进行处理，因此必须设法建立神经元的数学模型。关于神经元信息处理机制的 6 点假定可用式 (5-1) 进行抽象与概括。

$$O_j(t+1) = f\left\{\left[\sum_{i=1}^{n} w_{ij}x_i(t)\right] - T_j\right\} \tag{5-1}$$

这个数学模型看起来似乎有点复杂。下面我们结合 M-P 模型的 6 点假定和人工神经元图解模型来理解神经元的数学模型。首先我们约定如下。

（1）用 $x_i(t)$ 表示在 t 时刻神经元 j 接收到的来自神经元 i 的输入信息。

（2）用 $O_j(t+1)$ 表示在 $t+1$ 时刻神经元 j 的输出信息，这是因为根据 6 点假定的第 4 条"神经元输入与输出间有固定的时间滞后，主要取决于突触的延搁"，为了简单起见，将突触的时间延搁设为单位时间，用 1 表示，即当 t 时刻神经元 j 接收到其他神经元的输入信息，在 $t+1$ 时刻神经元 j 才产生输出信号。

（3）权重值 w_{ij} 与 $x_i(t)$ 的乘积 $w_{ij}x_i(t)$ 代表来自神经元 i 的输入信息 x_i 通过突触传递后的结果：如果 $w_{ij}>1$，表明输入信息被突触增强，如果 $w_{ij}<1$，表明输入信息被突触削弱；如果 $w_{ij}>0$，突触连接为兴奋性突触，如果 $w_{ij}<0$，突触连接为抑制性突触。

为方便起见，我们假定全部 n 个输入信息总是在同一时刻 t 抵达神经元 j，则可以用所有加权输入的代数和代表神经元 j 对全部输入信息的空间整合。于是，在 t 时刻使神经元 j 的膜电位变化的总刺激信息为

$$w_{1j}x_1(t) + w_{2j}x_2(t) + w_{3j}x_3(t) + \cdots + w_{n-1,j}x_{n-1}(t) + w_{nj}x_n(t) \qquad (5\text{-}2)$$

当 n 非常大时，这个和式会很长，所以我们需要引入一个更方便的数学表达，即求和符号 $\sum$。式 (5-2) 可以写成下面的样子

$$\sum_{i=1}^{n} w_{ij}x_i(t) \qquad (5\text{-}3)$$

其中 $i=1$ 表示 i 从 1 开始取值，一直取到 n，即将 n 个项全部加起来得到神经元 j 的空间整合结果，该结果称为输入总和。

我们知道，只有当细胞膜去极化程度超过了某个阈值电位时，神经元才被激发而输出神经脉冲。式 (5-1) 中的 T_j 就代表神经元 j 的"阈值电位"；式 (5-4) 表示输入总和与阈值之差，又称为神经元在 t 时刻的净输入，常用 $\mathrm{net}_j(t)$ 表示。

$$\mathrm{net}_j(t) = \left[\sum_{i=1}^{n} w_{ij}x_i(t) \right] - T_j \qquad (5\text{-}4)$$

当不强调具体时刻 t 时，$\mathrm{net}_j(t)$ 可写作 net_j。显然，只有当 $\mathrm{net}_j > 0$ 时，神经元 j 才能被激发，因此净输入代表了神经元的激活状态。

f 称为神经元的激活函数，激活函数以神经元的激活状态为自变量，反映了神经元输出 O_j 与其激活状态 net_j 之间的关系，写作

$$O_j = f(\mathrm{net}_j) \qquad (5\text{-}5)$$

采用不同的激活函数，会使神经元具有不同的信息处理特性。下面给出两种常见的神经元激活函数。

（1）阈值型激活函数

图 5–8 是两种阈值型激活函数，图 5–8(a) 为单极性阈值型激活函数，具有这一激活方式的神经元称为阈值型神经元，这是神经元模型中最简单的一种，经典的 M-P 模型就属于这一种。图 5–8(b) 为双极性阈值型激活函数，这是神经元模型中常用的一种，许多处理离散信号的人工神经网络采用符号函数作为激活函数。阈值型激活函数中的自变量 x 代表净输入，即 $x=\mathrm{net}_j$。当 $\mathrm{net}_j \geqslant 0$ 时，神经元为兴奋状态，输出为 1；当 $\mathrm{net}_j < 0$ 时，神经元为抑制状态，输出为 0 或 –1。

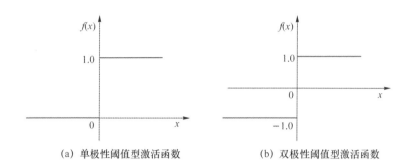

(a) 单极性阈值型激活函数　　　　　(b) 双极性阈值型激活函数

图 5-8   阈值型激活函数

（2）非线性激活函数

非线性激活函数代表了状态连续型神经元模型。最常用的非线性激活函数是 Sigmoid 函数，其函数曲线如图 5-9 所示，因其形状与英文字母"S"相似，故称为 S 型函数。

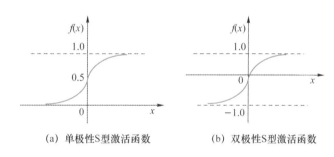

(a) 单极性S型激活函数　　　　　(b) 双极性S型激活函数

图 5-9   S 型激活函数

阈值型激活函数

单极性阈值型激活函数采用单位阶跃函数，其数学表达式为

$$f(x)=\begin{cases}1 & x\geq0\\0 & x<0\end{cases}$$

双极性阈值型激活函数采用符号函数，其数学表达式为

$$f(x)=\begin{cases}1 & x\geq0\\-1 & x<0\end{cases}$$

Sigmoid 函数

单极性 Sigmoid 函数的数学表达式为

$$f(x)=\frac{1}{1+e^{-x}}$$

双极性 Sigmoid 函数的数学表达式为

$$f(x)=\frac{1-e^{-x}}{1+e^{-x}}$$

讨 论 课

❯ 人工神经元模型是如何体现生物神经元的结构和信息处理机制的？

人工神经网络模型

大量神经元组成庞大的神经网络，才能实现对复杂信息的处理与存储，并表现出各种优越的特性。因此必须按一定规则将人工神经元连接成网络，这样的网络称为人工神经网络（Artificial Neural Network，ANN）。

人脑的信息处理机制是在漫长的进化过程中形成和完善的。到目前为止，人类对人脑信息处理的奥秘只有粗浅的解释和基本的认识。因此，人工神经网络远不是人脑生物神经网络的真实写照，而只是对它的简化、抽象与模拟。令人欣慰的是，这种简化模型的确能反映出人脑的许多基本特性，如自适应性、自组织性和学习能力等。

人工神经网络的模型很多，可以按照不同的方法进行分类。其中常见的两种分类方法是，按网络连接的拓扑结构分类和按网络内部的信息流向分类。按网络连接的拓扑结构可分为层次型和互连型两种结构，按信息流向可分为前馈型和反馈型两种网络。

层次型结构

具有层次型结构的神经网络将神经元按功能分成若干层，如输入层、中间层（也称为隐层）和输出层，同一层的神经元互不连接，各层之间顺序相连，如图 5-10 所示。

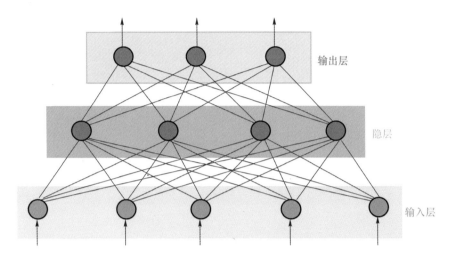

图 5-10　层次型网络结构示意图

　　输入层各神经元负责接收来自外界的输入信息，并传递给中间各隐层神经元；隐层是神经网络的内部信息处理层，负责信息变换，根据信息变换能力的需要，隐层可设计为一层或多层；最后一个隐层将信息传递到输出层各神经元，经进一步处理后由输出层向外界（如执行机构或显示设备）输出信息处理结果。习惯上将只有输入层和输出层的层次型神经网络称为单层感知器，将含有隐层的神经网络称为多层感知器。

　　研究发现，多隐层神经网络具有更优的学习能力。在图像、语音、文本等领域广泛应用的深度学习技术就是采用了多隐层结构的深度网络（见图 5-11），以利于实现复杂的分类。

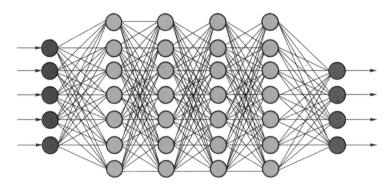

图 5-11　深度网络

▶▶ 互连型结构

对于互连型网络结构，网络中任意两个节点之间都可能存在连接路径，因此可以根据网络中节点的互连程度将互连型网络结构细分为 3 种情况：全互连型，网络中的每个节点均与所有其他节点连接；局部互连型，网络中的每个节点只与其邻近的节点有连接；稀疏连接型，网络中的节点只与少数相距较远的节点相连。图 5-12 给出一种全互连型网络结构。

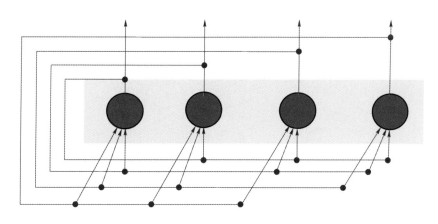

图 5-12　全互连型网络结构示意图

▶▶ 前馈型网络

在图 5-10 所示的层次网络中，网络信息处理的方向是从输入层到各隐层再到输出层，网络信息处理是逐层进行的，从信息流向的角度看这样的网络又称为前馈型网络。前馈型网络中除输出层外，任何一层神经元的输出都向前传递并作为上一层的输入，信息的处理具有逐层传递进行的方向性，一般不存在反馈环路，因此这类网络很容易串联起来建立多层前馈型网络。

▶▶ 反馈型网络

可以看出，在图 5-12 所示的互连型结构中，所有神经元的输出都反馈回来作为各神经元的输入，因此这样的网络是一种典型的反馈型网络。在反馈型网络中所有神经元都具有信息处理功能，而且每个神经元既可以从外界接收输入，同时又可以向外界输出。

前面介绍的分类方法、结构形式和信息流向只是对目前常见的网络结构的概括和抽象。实际应用的神经网络可能同时兼有其中一种或几种形式。例如，从连接形式看，层次网络中可能出现局部的互连（见图 5-13）；从信息流向看，前馈型网络中可能出现局部反馈（见图 5-14）。

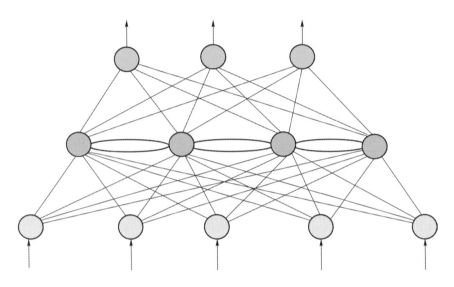

图 5-13　层内有连接的层次型网络结构

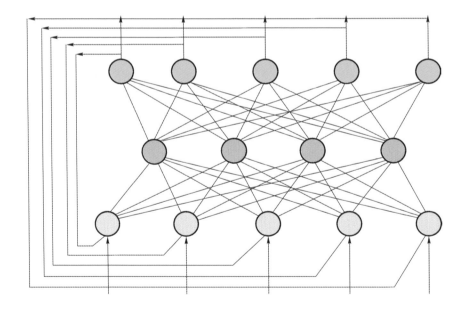

图 5-14　输出到输入有反馈的前馈型网络

练 一 练

❯ 从拓扑结构和信息流向两个角度，分析下面几种神经网络模型的特点。

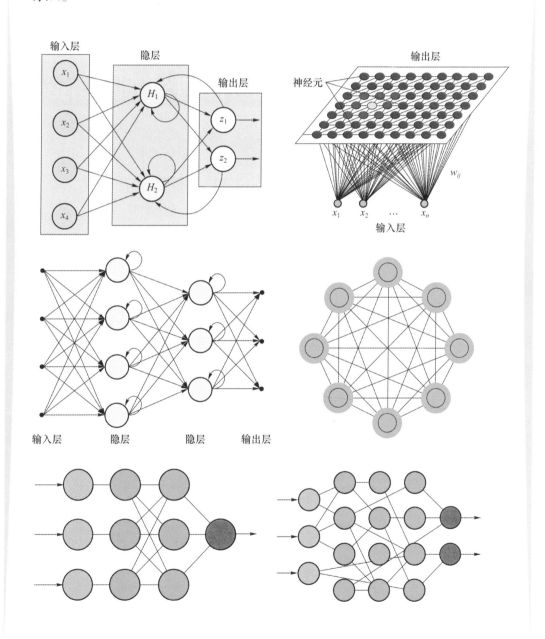

人工神经网络的基本特征和功能

▶▶ 人工神经网络的基本特征

人工神经网络的基本特征可以归纳为结构特征和能力特征两大类。

（1）结构特征 —— 并行式处理、分布式存储与容错性

人工神经网络是由大量简单处理元件相互连接构成的、高度并行的复杂系统，具有并行式处理特征。虽然每个处理单元的功能十分简单，但大量简单处理单元的并行活动使网络呈现出丰富的功能。

结构上的并行必然使人工神经网络的信息呈现出分布式存储的特点，即信息不是存储在网络的某个局部（如图 5-15 所示），而是分布于网络所有的存储单元 —— 连接权（如图 5-16 所示）。

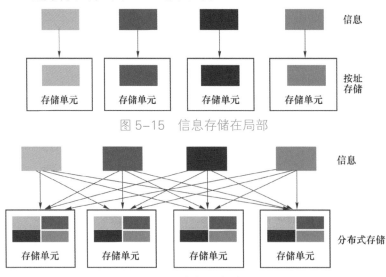

图 5-15　信息存储在局部

图 5-16　信息分布式存储

人工神经网络的分布式信息存储与并行式信息处理的特点必然使其表现出良好的容错性：一方面，由于信息的分布式存储，当网络中部分神经元损坏时，不会对系统的整体性能造成影响，这一点就如同人脑中每天都有神经细胞正常死亡而不会影响大脑的功能一样；另一方面，当输入模糊、残缺或变形的信息时，人工神经网络能通过联想恢复完整的记忆，从而实现对不完整输入信息的正确识别，这一点就像人可以对不规范的手写字进行正确识别一样。

（2）能力特征 —— 自学习、自组织与自适应性

著名的小白鼠迷宫实验表明，通过多次的尝试与错误，小白鼠能够发现正确的路径，顺利走出迷宫，生物学中称之为学习行为。如同智能生物一样，具有自学习能力的人工神经网络也能够呈现出某种学习行为，即当外界环境发生变化时，经过一段时间的训练（反复尝试与错误），人工神经网络能通过自动调整网络的结构和参数，输出正确的结果。

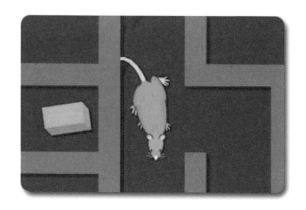

　　人工神经系统能在外部刺激下按一定规则调整神经元之间的权重值（相当于生物神经元之间的突触连接强度），逐渐构建起人工神经网络，这一构建过程称为网络的自组织（或称重构）。

　　自适应性是指一个系统改变自身的性能以适应环境变化的能力。在自然界，很多生物都具有改变自身性能以适应环境的能力，例如变色龙，它善于随环境的变化随时改变自己身体的颜色，这既有利于隐藏自己，又有助于捕捉猎物。人工神经网络实现环境自适应性的重要途径是自学习与自组织。

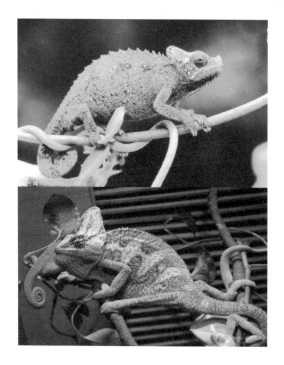

人工神经网络是借鉴生物神经网络而发展起来的智能信息处理系统，由于其结构上"仿造"了人脑的生物神经系统，因而其功能上也具有某种智能特点。下面我们就来了解一下人工神经网络最擅长的几个基本功能。

（1）联想式记忆

当我们听到同一个英语单词时，有的人仅仅是记住，也有的人则会产生丰富的联想，联想式记忆对于有效的信息存储具有非常重要的意义。

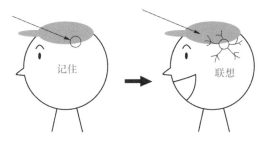

由于人工神经网络具有分布存储信息和并行处理信息的特点，当需要获得已存储的知识时，人工神经网络在输入信息的激励下采用"联想"的办法进行回忆，因而具有联想记忆功能。这种能力是通过神经元之间的协同结构以及信息处理的集体行为而实现的。人工神经网络是通过其突触权值和连接结构来表达信息的记忆的，这种分布式存储使得人工神经网络能存储较多的复杂模式并恢复所记忆的信息。人工神经网络通过预先存储信息和学习机制进行自适应训练，可以从不完整的信息和噪声干扰中恢复原始的完整信息，这一能力使其在图像复原、图像和语音处理、模式识别、分类等方面具有巨大的潜在应用价值。

联想式记忆有两种基本形式：自联想记忆和异联想记忆。

联想记忆如图 5–17(a) 所示。网络中存储（记忆）了多种模式信息，当输入某个已存储模式的部分信息或带有噪声干扰的信息时，网络能通过动态联想过程回忆起该模式的全部信息。

异联想记忆如图 5–17(b) 所示。网络中存储了多个模式对，每一对模式均由两部分组成，当输入某个模式对的一部分时，即使输入信息是残缺的或是叠加了噪声的，网络也能回忆起与其对应的另一部分。

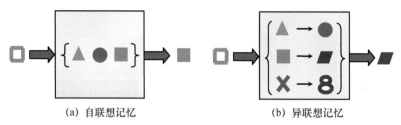

(a) 自联想记忆　　　　　　　　(b) 异联想记忆

图 5-17　联想式记忆

（2）逼近复杂的非线性函数

客观世界中，许多系统的输入与输出之间存在复杂的非线性关系，对于这类系统，往往很难用传统的数理分析方法建立其数学模型。

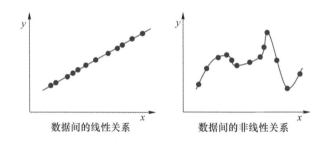

数据间的线性关系　　　　　　数据间的非线性关系

设计合理的人工神经网络，通过对系统的输入与输出样本进行自动学习，就能够逼近任意复杂的非线性函数关系。人工神经网络的这一优良性能使其可以作为非线性函数的通用数学模型。输入与输出数据之间的非线性函数关系由人工神经网络在学习阶段从数据中自动抽取，并分布式存储在网络的所有连接权中。

在微观经济领域，用人工神经网络构造的企业成本预测模型，可以模拟生产、管理各个环节的活动，跟踪价值链的构成，适应企业的成本变化，预测的可靠性强。利用人工神经网络对销售额进行仿真实验，可以准确地预测未来的销售额。

在宏观经济领域，人工神经网络可用于国民经济参数的测算、通货膨胀率和经济周期的预测，以及经济运行态势的预测预警，如对汇率和利率的测算、对 GDP 和各种总产值的预测等。

在证券市场中，股票的收益性是投资者购买股票的主要依据，人工神经网络被用来预测盈利水平的未来走向。

交通管理部门利用人工神经网络预测交通车流量，可以提前对道路拥堵采取措施。

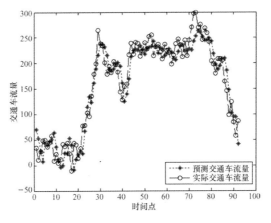

图片来源：https://zhuanlan.zhihu.com/p/51479244

（3）模式识别

人工神经网络对外界的输入样本具有很强的识别与分类能力。对输入样本的分类实际上是在样本空间找出符合分类要求的分割区域，每个区域内的样本属于一类。传统分类方法只适合解决同类相聚、异类分离的识别与分类问题。但客观世界中许多事物(如不同的图像、声音、文字等)在样本空间上的区域分割曲面是十分复杂的，如图5-18所示，相近的样本可能属于不同的类，而远离的样本可能同属一类。人工神经网络可以通过增加隐层的数量很好地解决对非线性曲面的逼近，因此比传统的分类器具有更好的分类与识别能力。

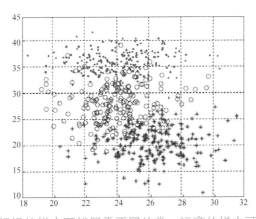

图 5-18　相近的样本可能属于不同的类，远离的样本可能属于同类

（4）优化计算

优化计算是指在已知的约束条件下，寻找一组参数组合，使由该组合确定的目标函数达到最大值或最小值。

例如，当目标函数 $z=f(x，y)$ 代表做某事的成本时，优化计算的目的是寻找可变参数 x 和 y 的最优组合以使成本 z 最小化；当目标函数 $z=f(x，y)$ 代表做某事的经济效益时，优化计算的目的是寻找 x 和 y 的最优组合以实现效益 z 的最大化。

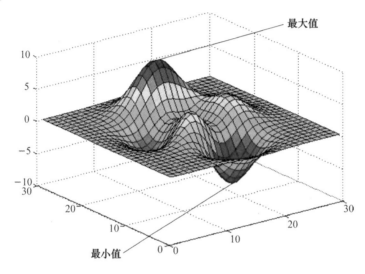

某些类型的人工神经网络可以把待求解问题中的可变参数设计为网络的状态，将目标函数设计为网络的能量函数。人工神经网络经过动态演变过程达到稳定状态时对应的能量函数最小，从而其稳定状态就是问题的最优解。

（5）从数据中自动获取知识

知识是人们从客观世界的大量信息以及自身的实践中总结归纳出来的特征、经验、规则和判断依据。人工神经网络获得知识的途径与人类似，也是从对象的输入与输出信息中获得关于对象的知识，将知识分布在网络的连接中并予以存储。

我们在学习"第四章 模式识别"时知道，为了识别不同的事物，必须设法提取一组能准确描述该事物的特征。但有些事物，诸如图像、视频、声音等是很难提取其特征的；还有些事物，人们对其知之甚少，先验知识匮乏。即使我们处理的是那些能够提取特征的事物，面对互联网带来的海量数据，靠人从中提取特征，其效率远远无法达到应用要求。

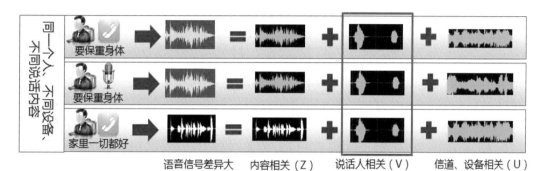

语音信号差异大　　内容相关（Z）　　说话人相关（V）　　信道、设备相关（U）

图片来源：http://live.ts.fujitsu.com/cn/solutions/infrastructure/voiceprint-monitoring/

　　好在人们发现，只要有足够多的数据，人工神经网络能够在没有任何先验知识的情况下自动从输入数据中提取特征、发现规律。人工神经网络的这一能力使其在机器学习领域得到极为广泛的应用，而备受关注的深度学习技术正是由前馈层次型人工神经网络发展而来的。

　　如果人们对要处理的事物有一定的先验知识，利用人的先验知识可以大大提高人工神经网络的知识处理能力，两者相结合会使人工神经网络的学习能力得到进一步提升。

课外练习

❯写出下图中神经元的数学模型，激活函数采用单极性阈值型函数。

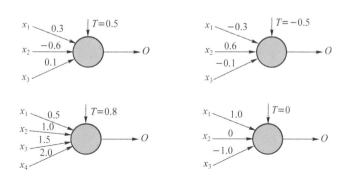

后　记

如何设计中小学人工智能教材的教学内容？如何定位该课程的教学目标？这是"在中小学阶段设置人工智能相关课程"的实践中必须解决的共性问题，需要从事人工智能教学与科研的相关组织进行深入研究并给出可行的解决方案。

从目前的情况看，适合中小学的人工智能教育资源极度匮乏。从已经面世的种类有限的教材看，它们存在两种倾向：一种是试图向基础知识远不完备的中小学学生科普艰深的 AI 技术；另一种则干脆将近年流行的创客教育机器人、3D 打印等课程改称为 AI 课程，混淆了基本概念，给师生以误导。

中小学人工智能教材作为一种面向青少年乃至全社会的科普读物，仅仅依靠中小学教育工作者是不够的，需要人工智能领域的科技工作者和人工智能产业的企业家们积极加盟、密切协作、共同出力。作为在人工智能领域从业二十多年的科技工作者，我深感自己有责任和义务为人工智能的普及尽一份薄力，这正是尝试编写这套人工智能中学版教材的初衷。

考虑目前中小学人工智能课程尚未形成标准体系，并且各学校开设人工智能课程的基本条件差别较大，权将本教材定位为中学版教材，以便于各学校根据师资条件和课程计划因地制宜，既可以从初中阶段开始学习，也可以从高中阶段开始学习。

作为高校教师，我对中学教材的特点以及中学生的认知能力并不熟悉，为此参考了多种版本的中学生物、历史、地理、信息技术等课程的教材，受到很多启发。尽管如此，我对编写这样一套无从参考和借鉴的中学版人工智能教材仍然心存忐忑。为此，在教材的编写过程中，每完成一章初稿，我都会了解中学生甚至小学高年级学生的阅读体验，征求他们的意见，然后再进行修改。

本书所选的部分图片来源于网络转载，其中能够找到出处的均在书中予以标注，部分图片无法找到原始出处，在此一并向原作者致以诚挚的谢意！

作　者

于 2019 年 7 月